내 아이의
행복할 권리

내 아이의
행복할 권리

허영림 지음

아이들은 지금 행복할 권리를 누려야 한다!
나중에는 그 기회가 없다!

권리와 의무는 상반된 개념이다. 권리란 어떤 일을 주체적으로 자유롭게 처리하거나 타인에게 당연히 주장하고 요구할 수 있는 자격이나 힘을 가리킨다. 반면에 의무는 당연히 해야 할 일이다.

반드시 해야 할 일만 하면서 살아가는 사람은 없겠지만, 만약에 있다면 우울감에 빠져 있을 가능성이 크다. 그런데 자신의 행복을 위해 자기 권리를 주장하고 때때로 권리를 침해받았을 때 상대를 설득하는 사람들을 보면 생기발랄하고 행복해 보인다. 지금 우리 아이들의 표정을 살펴보자. 혹시 우리 아이들이 진정 누려야 할 권리는 누리지 못하고 의무만 강요받으면서 우울한 표정을 짓고 있지는 않은가? 부모들 중에는 아이들이 지금 누려야 할 권리를 '나중에' 가서 챙겨줄 수 있다고 생각하는 경우가 종종 있는데, 절대 불가능한 일이다.

"아이가 왜 이러는 걸까요?"

"아이의 미래를 위해 미리 좋은 계획을 세워두었는데 잘 따라주지 않아서 속상해요."

"우리 애는 제가 옆에 있어야 잘 놀아요. 왜 혼자 놀지 못할까요? 무슨 문제가 있는 게 아닐까요?"

많은 엄마들이 상담을 청해와서 이런 불평을 한다. 그런데 조금 더 대화를 이어가 보면 아이의 문제가 아니라는 것이 드러난다.

"아이가 네 살 때부터 한글을 시작했거든요. 그런데 요즘 갑자기 한글 공부를 안 하려고 해서 진도도 못 나가고, 안 하던 행동도 자꾸 해요."

"저는 아이의 사회성을 제일 먼저 키워주고 싶었어요. 그래서 돌 지나서부터 문화센터를 다니고 있는데 다른 아이들이랑 상호작용이 별로 없어요. 너무 소심해서 그럴까요? 아니면 무슨 문제가 있는 걸까요?"

심지어 나는 이런 고민도 들었다.

"우리 애는 산수를 다섯 살 때부터 시작해서 연산을 아주 잘했어요. 그런데 5학년이 되더니 자기는 수학적 사고력이 부족하다면서 수포자(수학포기자)를 선언하겠다지 뭐예요."

"어렸을 때부터 공부만 하는 아이였어요. 물론 제가 옆에서 관리를 해줬지요. 그런데 중학교에 올라가서는 자기는 공부 말고 할 수 있는 게 아무것도 없다면서 짜증을 내더라고요. 그러더니 점점 폭력적인 아이가 되고 있어서 걱정이에요."

비슷한 사례를 열거하자면 끝이 없을 정도이다. 아이가 왜 그러느냐는 질문에 대한 답은 간단하다. 모두 시켜서 했기 때문이다. 아이가 하고 싶다고 할 때까지 기다렸어야 한다는 말이다.

부모의 역할은 관찰자이다

우리나라의 행복지수는 최하위이고, 스트레스지수는 최상위라는 통계가 그냥 나온 것이 아니다. 공부와 성적을 중시한 결과 우리나라 학생들의 평균 수면시간이 5.5시간이라는 보고가 있다.

뇌 과학자들은 이런 통계를 제시하며 걱정하는 목소리를 높이고 있다. 수면 부족으로 뇌 기능이 저하되면 장기기억에 문제를 가져올 수 있기 때문에 오히려 밤늦게까지 공부하는 학생들의 미래가 없어진다는 것이다. 우리나라에서는 충분히 잘 수 있는 권리, 쉴 수 있는 권리, 놀 수 있는 권리, 빈둥대면서 카톡 할 수 있는 권리가 다 허용된 학생은 거의 찾아보기 힘들다. 우리 아이들은 언제까지 끌려다니는 삶을 살아야 하고, 그 부모는 언제까지 그 끈을 붙들고 뭔가를 해주어야 할까? 그것을 생각하면 가슴이 답답해진다.

부모의 역할은 아이가 어려서부터 삶의 주체로 살아가도록 도움을 주고 지켜보는 관찰자여야 한다. 그러려면 부모 중심에서 아이 중심으로 사고를 전환해야 한다.

이미 선진국에서는 교육목적을 '조화롭고 균형 있는 행복한 사람 되기'

에 두고 있다. 이를 실천하기 위해 어려서부터 자율적으로 주체적인 삶을 개척할 수 있도록 학교와 가정이 돕고 있다. 이탈리아의 교육학자 몬테소리가 처음 설립한 몬테소리학교의 교육이념은 '스스로 할 수 있게 도와주세요'이다. 그래서 아이들이 모든 교육 내용과 활동을 자유롭게 선택하게 한다. 몬테소리는 아이들이 좋아서 하는 작업은 그들 나름의 집중력과 흥미가 생겨서 교사의 지시나 교육 없이도 자기 방식대로 놀면서 교육이 되어간다고 믿었다. 자기주도적 교육은 자율성과 독립성이 발달하면서 창의성도 높아지고, 타인주도적 교육은 타율적이고 수동적이어서 창의성을 발휘하기 어렵다.

부모의 방향성만 바뀌어도 타율적인 아이에서 자율적인 아이로 변신하게 된다. 모든 사람은 행복해지기 위해 살아간다. 어렸을 때부터 부모가 아이의 울타리가 되어 아이 스스로 행복해질 때까지 지켜봐주면 모두가 행복해질 수 있다. 나는 이 책 안에서 그 방법과 해법을 나름 제시하려고 노력했다. 이제 남은 것은 용기 있는 부모들의 실천의지이다. 잘못된 방법을 고치는 데는 그에 적합한 이론적 지식도 필요하지만, 더 중요한 것은 알고 나서 바로 행동할 수 있는 용기이다.

마지막으로 이 책이 나오는 데 도움을 주신 분들과 부모 마음의 원천을 제공해준 다 큰 두 아들에게 감사의 마음을 전한다.

차 례

1장

부모가 변하면 아이도 변한다

2장

아이의 선택을 존중해주면 행복감이 커진다

3장

모든 아이는 행복하게 자랄 권리가 있다

4장

아이의 성격, 부모의 태도가 결정한다

5장

아이의 습관 고치기, 쉬운 일은 없다

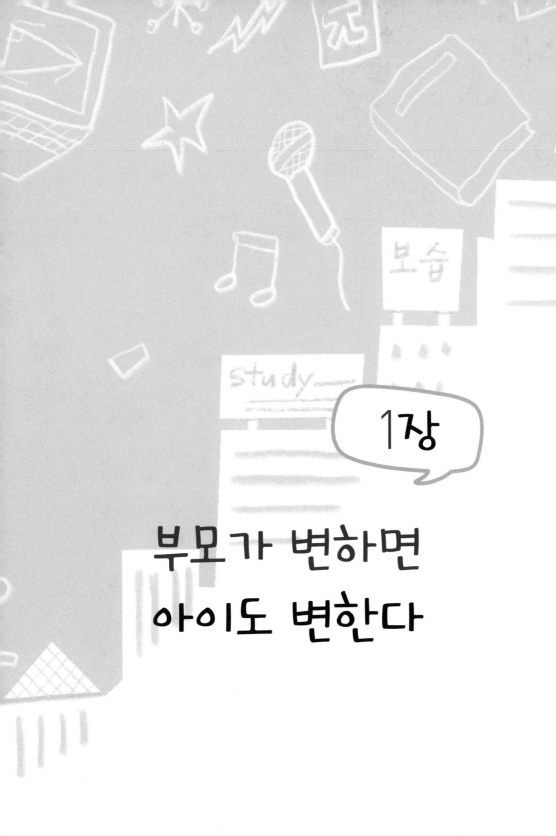

1장

부모가 변하면
아이도 변한다

아이들을 잘 키우는 가장 좋은 방법은
아이들을 행복하게 하는 것이다.
· 오스카 와일드 ·

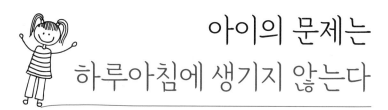

아이의 문제는
하루아침에 생기지 않는다

아이를 키우는 일은 하나의 새로운 인생을 만들어가는 작업이다. 중간에 잘못했다고 해서 돌이킬 수도 없고, 힘들다고 포기할 수도 없다.

안타깝게도 육아의 중요성을 제대로 깨닫지 못하고 있는 부모들이 늘고 있다. 아이를 위해 자신의 인생을 희생하려 하지 않는 것이 요즘 젊은 부모들의 특징이기도 하다.

몇 년 전만 해도 아이는 엄마 손에 커야 한다고 생각하는 남편들이 많았다. 그런데 요즘은 경제력을 갖춘 여성을 선호하고, 아내가 출산 후에도 경제 활동을 하기 바란다. 능력이 있으면서 왜 집에 있느냐는 주변의 시선 또한 은근한 압력으로 작용한다. 이 같은 분위기에 젊은 엄마들은 하루빨리 엄마로부터 아이를 독립시키려고 무척이나 노력한다.

그 속에는 아이를 갖기 전과 다름없이 살아가려는 '싱글 마인드'가 작용한다. 누군가에게 양육의 책임을 넘기고, 자신은 엄마가 되기 전과 다름없이 직장에 나가거나 자신의 시간을 누리고 싶다는 발상이 바로 싱글 마인드다.

부모가 무지하면 아이가 불행해진다

아이를 양육하는 시간을 희생이라고 생각하고 엄마가 되더라도 여전히 내 인생의 중심은 나라고 고집하는 것은 스스로 부모 되기를 포기하는 일과 같다. 그런 부모가 늘어나는 만큼 상담실과 소아정신과를 찾는 아이도 늘어날 것이다.

이 세상에서 자녀가 불행해지기를 바라는 부모는 없다. 그러나 무지한 부모는 아이를 불행하게 만들 수 있다. 부모라면 무엇보다 어린 시절 엄마와의 상호교류가 아이 인생에 얼마나 큰 영향을 미치는지를 알아야 한다.

상담실을 찾아온 한 엄마는 둘째를 낳으면서 직장을 그만두고 집에서 아이를 키우고 있다고 하였다. 고민은 34개월 된 첫째 아이가 손수건을 빨면서 자는 버릇이 있는데 아무리 애써도 고쳐지지 않는다는 것이었다. 손수건을 안 보이게 치워버리면 양말이나 속옷을 빤다고 했다. 게다가 11개월 된 둘째 아이도 젖을 떼기 시작한 4개월 무렵부터 손가락을 심하게 빤다고 하소연했다.

손수건이나 손가락을 빠는 습관은 애정결핍으로 나타나는 대표적인 행동이다. 아이의 행동에는 반드시 원인이 있다. 손가락을 빠는 등 문제 행동을 보이는 것은 정서적으로 자신이 원치 않는 분위기나 뭔가 적절치 않은 상황에서 아이 나름대로 자신의 감정을 표현하고 있는 것이다.

손가락을 빠는 행동은 애정결핍의 대표적인 증상이다.

아이에게 생후 1년은 결정적 시기

요즘 부모들은 그 어느 시절보다 바쁘다. 자동차도 바꾸고 아파트도 바꾸고 노후 자금도 준비해야 한다. 그동안 아이들은 텅 빈 공간에 방치된 채 마음의 병을 앓고 있다. 아이들의 문제는 하루아침에 생기는 것이 아니다. 서서히 진행된다. 그래서 바쁜 생활에 치여 사는 부모들은 빨리 알아차리기가 어렵다.

아이의 발달과정에서 엄마의 부재는 두드러진 결과물로 나타난다. 특히 두 살 이전부터 엄마와 떨어져 지낸 아이에게는 어떤 형태로든 그 결과가 행동으로 나타난다. 실제로 상담 사례를 분석해보니 1세 이전에 위탁모에게 맡겨져 주말에만 엄마 아빠를 만났던 아이들에게 문제행동이 가장 많이 나타났다.

생후 1년 동안은 아이의 삶을 결정할 만큼 중요한 시기이다. 아무리 후회해도 다시 돌이킬 수 없는 시간인 만큼 정서적으로 안정된 아이로 자랄 수 있도록 엄마 아빠는 일관성 있는 태도로 아이를 보살펴야 한다.

아이의 발달과정은 되돌릴 수 없다

유아 교육에서는 출생한 이후부터 만 3세까지를 아주 중요한 시기로 본다. 0~3세에 습관이나 성격, 정서, 사회성 등이 대부분 자리 잡기 때문이다. 이때를 어떻게 보내느냐에 따라 정서적으로 안정되고 자신감 있는 아이로 성장할 수도 있고, 심각한 문제행동이 나타나서 상담실이나 소아정신과를 찾는 아이로 자랄 수도 있다.

그러한 아이들은 물건을 집어던지거나 소리를 지르고, 자기 마음에 안 들면 상대방을 물거나 때리는 등 지나치게 공격적인 행동을 보인다. 아이의 이런 행동은 엄마와의 애착관계가 충분히 형성되지 않은 상태에서 이 사람 저 사람 손에 맡겨져 적절한 상호교류가 이루어지지 않아 생겨난 분노나 좌절감이 표출된 것이라 볼 수 있다.

아이와 신뢰감 쌓기

미국 하버드 대학에서 18명의 유아를 대상으로 25년간 종단연구(시간의 경과에 따른 변화를 연구하기 위해 반복된 관찰을 포함하는 상관관계 연구)를 실시했는데, 그 결과 생후 10개월 이내에 인격 형성이 결정된다는 놀라운 결과가 나왔다. 다시 말하면 생후 1년 내에 인격이 형성되는데, 그 틀 위에서 평생 유지되고 발전된다는 것이다. 인간의 발달단계를 연구한 에릭슨은 0~3세 사이에 엄마와의 상호교류가 많았던 아이는 그 관계를 통해 신뢰감을 배우고, 성장하면서 다른 사람과의 신뢰관계 속에서 다음 단계의 자율성을 키운다고 하였다.

0~3세 시기의 아이는 모든 의사를 우는 것으로 표현하기 때문에 주 양육자인 엄마는 그때그때 우는 이유를 잘 파악해서 일관성 있게 양육해야 한다. 가령, 아이가 배가 고파서 울면 젖을 주고, 기저귀가 젖어서 울면 새 기저귀로 갈아주어 아이와 양육자 사이에 신뢰감을 쌓아가야 한다. 이

러한 신뢰감이 차곡차곡 쌓이면 아이는 비슷한
상황에 처했을 때 울지 않고 기다리게 된다.

엄마가 아이의 울음에 대해 적절히 판단하고
반응하면 아이는 자신이 편안한 환경에 있다는 안도감을 느끼
고, 부모나 주변 사람들, 나아가 세상에 대해 신뢰감을 가지고 긍정적인
자아를 형성한다. 반대로 기저귀가 젖어도 갈아주지 않고, 배가 고파 울
어도 우유를 주지 않으면 아이는 불쾌한 감정을 느끼면서 불신감을 키우
게 되고 누구도 믿을 수 없게 된다.

> 엄마에 대한 신뢰감이 쌓이면 긍정적인 자아를 형성한다.

문제행동은 갑자기 나타나지 않는다

엄마와 상호교류하면서 긍정적인 자아를 형성한 아이는 무엇이든 혼
자 해보려는 자율적인 아이로 자란다. 하지만 그렇지 않은 환경에서 자
란 아이는 부정적인 자아가 자리 잡게 되어 주변을 불신하고, 짜증이나
분노, 공격적인 행동을 보인다.

아이가 태어난 후 적어도 1년은 엄마와 긴밀하게 상호교류하며 애착관
계를 제대로 형성해야 한다. 바쁘다는 이유로 이를 소홀히 하면 1세 이후
부터 서서히 나타나는 문제행동들로 고민하는 일이 많아진다.

상담실에 찾아온 엄마들은 대개 "아이가 예전에는 안 그랬는데 요즘 들어 이상한 행동을 자주 해요"라고 말한다. 사실 이러한 문제행동은 1세 이전부터 누적되어온 부정적인 자아가 드러나면서 공격적인 행동으로 나타나는 것이다.

아이가 서너 살이 되어서야 문제행동을 알아채고 심각함을 느끼면 그제야 엄마들은 직장을 그만두고 소아정신과와 상담실을 찾아다닌다. 심한 경우 약물치료나 놀이치료까지 병행하면서 문제행동을 바꿔보려고 하지만 원 상태로 돌아가기가 쉽지 않다. 이미 성격이나 버릇, 습관 등이 아이의 내면에 뿌리내린 상태에서 문제행동을 고치려면 몇 배의 시간과 노력이 필요하다.

바닷물이 썩지 않은 것은 4퍼센트의 소금 염도 때문이라고 한다. 더 정확하게는 96퍼센트의 물과 3퍼센트의 식염과 1퍼센트의 마그네슘, 유황 외에 80개의 상이한 물질이라고 한다. 자녀 양육에서 3퍼센트의 소금은 생후 첫 3년 동안에 아이와 형성해야 할 애착이라고 할 수 있다. 안정적인 애착관계 형성만으로도 문제 아이, 문제 부모를 막을 수 있기 때문이다.

권위 있는 부모와
권위적인 부모는 다르다

초등학생을 대상으로 실시한 한 조사에 따르면, 초등학생들이 가장 싫어하는 부모의 유형은 자녀의 의견을 무시한 채 무조건 복종을 강요하는 권위적인 부모라고 한다. 상담을 하다 보면 권위 있는 부모와 권위적인 부모를 혼동하는 사람들이 의외로 많은데, 이 둘은 엄연히 다르다.

아이가 엄마 아빠 앞에서 함부로 행동하지 못하는 모습을 보면서 부모의 권위가 세워졌다고 믿는 부모들이 있다. 그들은 부모의 기준과 원칙에 따라 아이를 마음대로 조정하면서 자녀를 교육할 수 있다고 착각한다. 그런 행동을 부모로서 당연한 권리라고 주장하며 스스로 합리화하기도 한다.

하지만 그것은 진정한 의미의 권위라고 할 수 없다. 자녀의 입장을 고려하거나 타협하지 않고 자신의 고집이나 편견으로 아이를 키우면서 의무만을 요구하는 것은 권위적인 부모의 모습이다. 권위적인 부모는 아이의 행동을 일일이 관리하고 통제하면서 대화하기 때문에 아이와 상호교류가 이루어지기 어렵다.

전문가들은 부모의 권위를 내세우면서 아이들을 통제하는 것을 일종의 열등의식 때문이라고 분석한다. 권위적인 부모에게서 자란 아이들은 스트레스에 취약하고 상황 대처능력이 부족하여 수동적으로 움직이거나 쉽게 짜증을 내고 우울해 한다. 또한 화를 잘 내고 매사에 갈등을 일으키며 어떤 일을 앞두고는 늘 두려워하고 걱정을 많이 한다. 가끔 목적이 없어 보이는 행동을 하기도 하고, 붙임성이 없으며, 늘 화난 사람처럼 시무룩한 표정을 짓는 경향이 있다.

권위 내세우지 않기

권위란 남들로부터 부여받는 것이어서 권위 있는 사람은 굳이 권위를 행사할 필요가 없다. 집안의 어른으로서 권위의 상징인 아빠 역시 권위를 만드는 것은 아빠 자신이 아니라 가족 구성원이다. 특히 엄마의 역할이 크다. 예컨대, 아빠가 이야기를 하는데 아이가 장난을 친다면 "아빠 말씀 중이신데 들어야지"라고 하고, 아이들이 간식을 먹고 있을 때 아빠가 들어오시면 "아빠한테 인사드려야지"라고 하는 식이다. 그런 작은 행동이 아빠의 권위를 세워주는 지혜로운 엄마의 모습이다.

부모의 권위를 내세워 아이를 통제하는 것은 일종의 열등의식이다.

권위 있는 부모는 언성을 높이거나 화를 내지 않아도 자녀 스스로 부모를 공경하게 된다. 물론 그렇게 되려면 평소에 가족에 대한 배려와 관심으로 서서히 권위를 쌓아가는 노력이 필요하다. 오로지 권위만 내세우면 오히려 권위적인 사람이 되고 만다.

아이와 장난치고 놀아주는 것을 부모로서 권위가 떨어지는 일이라고 생각하는 아빠들이 가끔 있다. 그들은 애써 자신의 감정을 숨기고 잘 웃지도 않으며 아이에게 엄격하다. 그러나 아이들은 엄격한 부모보다 친근한 부모를 존경한다는 것을 알아야 한다.

권위 있는 부모는 아이를 어른과 동등한 인격체로 대우하고, 아이 입장을 충분히 배려한다. 원칙과 기준이 확고하며, 문제가 생기면 대화로 해결하면서 아이들을 의사결정에 참여시킨다.

자신의 실수를 인정하는 부모가 존경받는다

자신의 실수를 끝까지 인정하지 않고 변명하거나 오히려 아이를 야단치는 부모도 있다. 부모가 그런 모습을 보이면 아이들은 더 반발심이 생기고, 부모와 대화하는 것을 꺼리게 된다. 이런 유형을 '질식형 부모'라고 한다. 세상에 실수하지 않는 사람은 없다. 부모가 자녀들에게 한 실수를 솔직하게 인정한다고 해서 권위 없는 부모가 되는 것은 아니다. 오히려 자신의 실수나 잘못을 인정하고, 문제를 해결하려는 부모의 모습은 가족 간의 사랑을 더욱 두텁게 만든다.

아이의 말이나 행동을 잘못 해석해서 엉뚱하게 꾸짖는 일이 벌어졌다면 "엄마가 실수했네. 미안해"라고 잘못을 인정하고 아이를 다독여주어야 한다. 자신의 잘못이나 실수가 자녀에게 드러나면 권위가 떨어진다고 생각해 인정하지 않으려는 부모들이 있는데, 절대 그렇지 않다. 오히려 자신의 잘못을 끝까지 인정하지 않고, 아이들을 비난하고 나무라는 부모 밑에서 자란 아이들이 자존감도 낮고 반항심도 강하다. 사람들과의 관계에서는 부모가 하던 대로 따져 물으면서 끝장을 보려고도 한다. 실수했을 때 "엄마가 실수했구나"라고 인정하면 험상궂은 표정으로 따지던 아이도 "그럴 수도 있지"라며 반항하지 않는다.

부모가 먼저 변하면 아이들도 변한다. 부모가 자신의 실수를 인정하고 사과하면 아이들은 스스로 존중받고 있다고 느끼면서 한편으로 부모의 상황을 이해하려는 태도를 보인다. 권위 있는 부모 밑에서 활발히 소통하고 대화를 나누며 자란 아이들은 자신이 존중받고 있다고 느끼기 때문에 스스로를 소중히 여기며 자립심이 강하다. 이런 아이들은 늘 활기차고 사회성이 좋으며 타인에 대한 배려심과 이해심이 크고 협조적이다. 더 나아가 스트레스에 잘 대처하며 성취 지향적이다.

아이를 존중한다는 말을 오해하는 사람들이 있다. 존중해준다는 말은 아이들이 원하는 것을 다 해주고, 버릇없거나 잘못된 행동조차 묵인한다는 뜻이 아니다. 만약 그런 사람이 있다면 부모로서의 권위를 스스로 포기하는 사람이라 할 수 있다. 아이에게 지나치게 허용적인 부모는 단지 통제 불가능한 아이를 양성할 뿐이다.

> 아이들은 부모의 관심을 받기 위해 의도적으로 버릇없이 굴기도 한다.

잘못된 행동에 무관심으로 대처하기

아이들은 가끔 부모의 관심을 받기 위해 혹은 부모의 반응을 이끌어내기 위해 의도적으로 버릇없이 굴기도 하고, 잘못을 저지르기도 한다. 어느 날 아이가 놀이터에서 놀고 오더니 엄마에게 버릇없는 태도로 반말을 했다.

"그래, 넌 잘했냐? 말해봐."

느닷없는 아이의 태도에 그 즉시 야단을 치거나 지적할 수도 있지만, 관심을 보이지 않는 것도 적절한 대처법이 될 수 있다. 다시 말해 무시하는 방법인데, 생각보다 효과가 크다.

잘못된 행동을 계속하는데 엄마가 무관심한 태도로 하던 일에 열중하면 아이는 어떤 반응을 보일까? 자신이 예상했던 것과 달리 엄마가 관심을 보이지 않으면 아이는 반말하는 것에 재미와 호기심을 잃게 된다. 그리고 엄마의 관심을 얻을 수 있는 다른 행동을 찾는다. 이때 엄마가 평소와 변함없이 친밀한 태도를 보이면 아이는 스스로 행동을 고친다.

아이는 부모의 거울이라는 말이 있다. 권위 있는 부모가 되기 위해서는 자녀를 한 사람의 인격체로 존중하면서 옳고 그름에 대해서는 확실한 태도를 보여야 한다. 자녀에게 행동의 범위와 한계를 미리 정해주고, 만약 정한 규칙에서 벗어나는 행동을 하면 제대로 짚어 알려주거나 무시할 수 있어야 부모로서 권위를 갖게 된다.

권위 있는 부모 밑에서 자란 아이는 다른 사람과 소통하는 데 필요한 기술과 질서도 자연스럽게 배운다. 보고 배우는 일은 그만큼 빠른 학습법이다. 사실 우리는 학교에서 배운 대로 살기보다는 내 부모를 보고 배운 대로 살고 있지 않은가.

"미안해"가
최선의 방법이다

요즘은 어른이나 아이나 할 것 없이 사회 전반적으로 참고 인내하는 수준이 예전만 못한 것 같다. 분노 조절에 어려움을 겪는 사람들이 그만큼 많기 때문이다.

감정 조절이 어려운 아이들을 보면 자기 스스로 부족하다고 느끼거나 문제가 있다고 여기는 경우가 종종 있다. 자기 자신을 남에게 편안하게 드러내지 못하다가 어느 순간에 감정이 폭발하면서 감정 조절에 어려움을 보이는 것이다. 이런 아이들에게 필요한 것은 주변의 사랑이다. 그중에서도 가족의 사랑이 가장 중요하다. 부모가 자신의 모습 그대로를 사랑하고 인정해준다고 느끼면 아이의 자존감과 감정 조절 능력이 높아진다. 그러므로 공격적이거나 폭력적이지 않고 감정 조절을 잘하는 아이로 키우려면 지금 가진 능력 그대로를 주변 사람들이 인정해주어야 한다.

화가 난 이유를 생각하게 하기

평소에 부모는 아이의 감정을 잘 읽어주고 눈높이에 맞춰 공감해주는 노력이 필요하다. 보통 부모들은 아이가 화를 낼 때 "넌 또 왜 그러는데? 그렇게까지 할 필요는 없잖아?"라면서 당장의 화만 다스리고 억누르도록 유도하는 경향이 있다. 그런데 이런 상황에서 부모가 먼저 할 일은 아이의 불쾌한 마음을 읽어주고 인정해주는 것이다. "많이 화났구나. 그래서 속상하구나"라고 위로받으면 아이는 아주 짧은 시간 안에 원래의 상태로 돌아간다. 바로 그때 아이에게 분노를 표현하는 적합한 방식을 알려줘야 한다.

"그렇게 울고 서 있지 말고 엄마한테 진짜 화난 이유를 말해봐. 그래서 함께 방법을 찾아보자."

그러면 엄마에게 대답하기 위해서 구체적으로 화가 난 이유를 생각

하게 되는데, 이때 분노 감정을 조절할 수 있는
경험을 하게 된다. 어려서 분노를 조절하는 과
정을 경험하지 못한 채 화가 나면 상대에게 화풀

이를 하고 스스로 이겼다고 생각하거나 그게 옳다고 느꼈던 사
람은 폭력적인 방법이 중요한 도구라고 생각하게 된다. 화가 났을 때 왜
화가 났는지를 파악해서 행동보다 말로 해결했던 아이들은 폭력적인 방
법을 쓰지 않는다.

생각하는 힘 키워주기

미국에서 공부하던 시절에 나는 미국 엄마들이 말을 참 많이 한다고
생각했다. 다섯 살 아이에게 "그만 둬"라고 한마디 하면 될 일을 10여 분
에 걸쳐 얘기하는 경우를 종종 봤다.

"그래서?"

"그런데?"

"넌 어떻게 하고 싶은데?"

"만약 엄마가 그 시간 안에 올 수 없으면……"

아무튼 미국 엄마들은 말이 많았다. 여러 가지 경우를 아이와 얘기하

다가 어느 순간 "엄마, 그럼 내가 이렇게 하면 어떨까요?"라는 대답을 듣게 되면 대화가 끝나는 식이었다.

그런 모습을 처음 보았을 때는 둘 사이의 대화 양이 무척 길어서 불필요한 시간을 소모하는 것처럼 보였다. 그런데 가만히 들여다보니 미국 엄마들은 아이에게 생각하는 힘을 키워주고 있는 것이었다. 미래를 내다보았을 때 부모의 지시대로 문제를 해결하는 방법보다 부모와 아이 모두가 행복해지는 법을 실천하고 있었던 셈이다.

얼마 전에 한 모임에서 60대 어르신이 이런 이야기를 했다.

"며칠 전에 딸아이가 어렸을 때 저한테 들었던 말이 트라우마로 남아 있다고 말을 하더라고요. 15년이 지난 지금까지 마음에 남아 있다고 말이에요. 그러면서 다른 부모랑 비교하는데 얼마나 민망하고 화가 나던지……. 그래서 '너도 네 아이 낳고 키워봐'라고 마무리했다니까요."

여러 사람들이 공감한다는 표정으로 고개를 끄덕였다. 자식들 이야기를 처음 시작할 때는 분위기가 참 좋았는데 이런 이야기로 정리되자 뒷맛이 참 씁쓸했다. 여기서 내가 하고 싶은 말은 어르신의 복수 섞인 대답이 좋은 해결책은 아니라는 것이다.

아이의 갇힌 마음 열어주기

자녀들은 진심 어린 "미안해" 한마디만 들어도 서운함이 사라진다.

세상에 어느 누구도 완벽한 사람은 없다. 자녀가 트라우마라고 말할 정도로 부모의 서운한 말을 기억하고 있다면 이때 할 수 있는 방법은 딱 한가지다.

"그랬구나! 미안해. 그렇게까지 생각한 줄 몰랐어. 미안하다고 해도 되돌릴 수 없으니 어쩌지?"

이렇게 진심 어린 말만 해주어도 자녀들이 가졌던 서운함은 사그라진다. 가장 간단하면서도 명확한 "미안해" 한마디면 되는 것이다.

아이가 부모한테 들은 말 때문에 그동안 힘들어 하고 창피해 하고 그 안에 갇혀 트라우마까지 겪어야 했다면 일단 자녀의 갇힌 마음을 열어주는 게 맞다. 왜냐하면 그 아픔의 원인 제공자가 부모이기 때문이다.

그 모임에 함께했던 또 다른 사람은 딸아이가 어려서부터 오빠한테 밀려 편애받았다면서 지금도 시큰둥하다고 서운해했다. 모든 부모가 작정하고 편애해서 자녀를 키우지는 않는다. 하지만 부모도 인간이기 때문에 실수를 한다. 그러므로 아이가 사랑받지 못하고 컸다면서 "난 엄마 사랑을 못 받고 자랐어요"라고 한다면 그 말을 인정해주고 공감해주어야 한다. 이런 경우에도 지금이라도 미안하다고 말해주고 다른 면에서 더 많은 관심과 사랑을 주도록 노력하면 된다.

아이 마음속 혹은 머릿속에 있는 것들을 완전히 바꾸려면 먼저 엄마의 말이 바뀌어야 한다. 아이의 뇌 속에 입력된 내용들은 엄마의 말과 생각, 언어에 의해 다시 조합되어 신날 수도 있고 우울해질 수도 있다. 뇌 과학자들은 말이 바뀌면 뇌 회로가 바뀌어 정서도 바뀐다고 주장한다. 먼저 편안한 뇌 회로를 만들어야 한다는 말이다.

대부분의 아이들이 어른들에게 고마워하고 감사하기보다는 투정부리고 공격적인 행동을 더 쉽게 한다. 어쩌면 아이들이 다른 사람의 잘못을 지적하고 판단하면서 흉보는 것을 먼저 경험했기 때문에 보고 배운 대로 행동하는 것은 아닐까?

아이들에게 무조건 지시하는 것보다 스스로 생각해서 말할 수 있도록 시간을 허용해주자. 그런 순간과 시간들이 모이면 아이는 스스로 미래를 개척해 나가게 될 것이다. 자녀가 누려야 할 행복할 시간을 서둘러서 빼앗는 부모가 되지 말고 그들의 몫으로 남겨 스스로 성취하도록 도와주어야 할 것이다.

현명한 엄마는
늘 우선순위를 고민한다

자녀 문제로 상담실을 찾는 부모들을 만나면서 가장 안타까운 순간은 아이를 거꾸로 키우는 엄마를 만났을 때다. 아이가 1~6세일 때는 어린이집이나 할머니의 손에 맡겼다가, 정작 6세 이후에 아이의 교육 문제로 직장을 그만두는 엄마를 만나면 참으로 안타깝다.

아이는 민감한 센서처럼 반응한다

1~6세 시기를 잘 보낸 아이는 정서적으로 안정되어 자율적이고 자신 감도 있다. 그래서 초등학교에 들어가도 학교 공부나 성적에 대한 부담 없이 편안하게 지낸다.

그런데 어렸을 때는 어린이집이나 할머니 손에 맡기고 직장에 다녔다가 초등학교 4학년 때부터 교육에 매진하겠다고 나서는 엄마는 이미 자기 맘과는 전혀 다른 아이로 자라버린 것에 실망한다. 간혹 아이에게 사춘기가 일찍 찾아온 건 아닌지 분석하는 엄마도 있는데, 그런 차원의 문제가 아니다.

교육학자들이 말하는 '발달의 적기성'이란 발달의 특성상 한번 지나간 유아기는 다시 돌아오지 않는다는 말이다. 또한 유아기 때 부모와의 상호 교류가 부적절하게 이루어지면 잘못된 성격이 형성될 수 있다는 뜻이다.

상담실을 찾아온 부모들은 대부분 문제의 원인이 자신에게 있다는 것을 순순히 인정한다. 그러면서도 "그때는 그럴 수밖에 없었어요"라거나 "시간이 흐르면 좋아질 줄 알았어요"라고 스스로 위로한다.

아이는 아주 민감한 센서처럼 반응해서 조금만 주의를 소홀히 해도 아프거나 문제가 생긴다. 따라서 엄마가 최선을 다하고 있다고 생각하고 있더라도 아이가 아프다거나 무슨 문제가 생기면 무엇이 잘못되었는지, 순리에 어긋난 일이 있었는지, 우선순위가 바뀐 것은 없는지를 따져봐야 한다. 그래서 부모 중심이었던 삶을 아이 중심으로 궤도를 수정해야 한다.

> 문제가 생겼다면 아이 중심으로 삶의 궤도를 수정해야 한다.

육아와 자아실현 사이에서 우선순위 정하기

성경에 '우선순위를 결정하는 것이 인간의 지혜 중에 가장 큰 지혜'라는 말씀이 있다. 물론 자신의 자아실현도 의미 있는 일이지만, 아이에게 엄마의 따뜻한 손길이 필요할 때는 자신의 꿈을 잠시 접고 아이를 보살피는 것이 우선순위가 되어야 하지 않을까. 실제로 아이를 키우고 나서 뒤늦게 자아실현을 하는 엄마들을 볼 때마다 아이를 건강하고 밝게 키운 엄마라면 어떤 일을 하더라도 성공할 확률이 높다는 것을 느낀다.

나 역시 두 아이를 키우는 동안 육아와 박사과정을 동시에 하고 있어서 수시로 우선순위를 정해야 했고, 여러 차례 궤도를 수정해야 했다. 미국에서 석사과정을 마친 뒤 귀국하여 결혼하고 두 아이를 낳은 후에 박사과정을 밟기 위해 어린 두 아들과 함께 다시 미국으로 가야 했다. 주위의 반대를 무릅쓰고 시작한 미국 생활은 순탄치 않았다.

중요한 시험을 앞두고 갑자기 아이가 아프면 모든 계획을 중단해야 했다. 한번은 큰아이가 독감으로 고생하다가 거의 나아갈 무렵, 작은아이와 내가 독감에 걸려서 세 식구 모두 고생하기도 했다. 그때는 너무 아파 주저앉아 있다가도 나는 엄마라는 사실을 떠올리며 몸과 마음을 추스르고 아이들을 간호했다.

그 시절에는 괜한 서러움에 걸핏하면 울어서 별명이 '고장 난 수도꼭지'였다. 우는 날이 많았지만, 아이들을 돌보며 공부하는 내 초인적인 힘에 스스로 놀랐고, '여자는 약하지만 엄마는 강하다'는 사실을 깊이 깨닫는 시기였다.

나는 아이가 아프면 일단 간호에 열중했다. 그럴 때마다 공부한다는 이유로 아이들에게 소홀했던 건 아닌지 반성하고, 공부를 선택한 것에 대해 한 번 더 점검하는 기회로 삼았다. 그래서인지 모르지만 첫 번째 결과는 좋지 않았다. 시험에서 탈락해 논문 작성을 1년 뒤로 미뤄야 하는 상황이 벌어진 것이다. 무엇보다 서울에서 기다리는 남편에게 미안했고, 계속해서 육아와 공부를 병행해야 하는 현실이 착잡하고 서러웠다.

그렇다고 주저앉을 수는 없었다. 시험에서 떨어진 것은 실망스러웠지만, 내 꿈이 사라진 것은 아니었기 때문이다. 그때 나는 실패가 아니라 단순한 궤도 수정일 뿐이라고 생각하며 마음을 다잡았다.

함께할 때 집중해서 놀아주기

　결혼과 육아는 현실과 이상 사이에서 나를 혼란스럽게 했고, 그 안에서 적지 않은 갈등을 겪어야 했다. 아이가 자라면서 엄마의 손길이 중요한 것은 알고 있지만, 집 안에서 마냥 시간을 흘려보내고 싶지는 않았다. 내게는 꼭 이루고 싶은 꿈이 있었다. 하지만 시댁이나 친정에 아이들을 맡길 처지가 아니었고, 그 현실을 원망하며 손 놓고 있을 수도 없었다. 나는 마음속으로 간절히 원하며 때를 기다렸다.

　첫 시험의 실패에서 나는 교훈을 하나 얻었다. 육아와 공부 사이에서 갈팡질팡할 것이 아니라 공부할 때는 공부만 하고, 아이들과 놀 때는 신나게 놀아주자는 것이었다. 그래서 나는 아이들이 학교에 있는 동안에는 도서관에서 열심히 시험 준비를 했고, 아이들이 학교에서 돌아오면 함께 보내는 시간을 충분히 즐기기로 했다.

　이렇게 우선순위를 정하기 전까지는 아이들이나 나나 서로 툴툴거리며 짜증낼 때가 많았다. 그런데 궤도를 수정하고 나니 일상에서 작은 기쁨을 발견할 수 있었다. 어떻게 하면 아이들과의 시간을 재미있게 보낼 수 있을까를 궁리했고, 맛있는 요리도 함께 만들었다. 공원에서 산책을 즐기면서 사진을 찍었고, 같이 영화를 보면서 즐거운 시간도 보냈다. 아이들을 위해 잠시 내 꿈을 미루어 두었을 뿐 결코 꿈을 포기하지는 않았다.

엄마가 된다는 것은 자신의 시간을 잃어버리는 것이 아니라 삶에 대한 겸손한 태도를 배우는 기회이다. 육아를 하는 동안 나는 평범한 일상의 진리를 깨우칠 수 있었다. 그것은 내가 아이들을 통해 받은 선물일 것이다.

물론 육아와 자아실현이라는 두 마리 토끼를 쫓는 것은 쉽지 않다. 하지만 자신의 꿈을 실현하기 위해 아이를 누군가에게 맡기고자 한다면 신중해야 한다. 아이에게 엄마의 손길이 절대적으로 필요할 때 잠시 꿈을 접어둘 수 있는 지혜로움이 필요하다는 말이다.

엄마의 사랑과 칭찬이
곧 가르침이다

세상에 태어나 처음 접하는 엄마는 아기의 성장과 발달에 절대적인 영향을 미친다. 아기는 엄마를 통해 사회화의 기초를 닦고, 밀접한 애착관계를 형성해 정서적 안정을 얻는다. 특히 태어나서 만 6세까지의 교육은 그 후 아이의 인성에 결정적인 영향을 미친다. 17세기의 교육학자 코메니우스는 어머니를 중심으로 이루어지는 부모 교육의 중요성을 처음으로 인식하였다. 그는 '아이는 신이 주신 가장 귀중한 선물'이라 하였고, 인간의 교육은 어릴 때 가정에서 이루어지며 태어나서

6세까지 곧 '어머니 학교'가 가장 중요하다고 강조하였다.

당시 유럽에서는 유모나 보모의 손에 아이를 맡겨 엄격하게 양육하는 것이 일반적이었다. 그런데 이런 교육방법이 잘못되었다면서 아이는 어머니의 무릎에서 길러야 한다고 획기적인 주장을 펼친 것이다.

코메니우스는 인간을 근본적으로 선한 존재라고 보았다. 따라서 체벌 위주의 권위주의적 훈육방식을 버리고 아이의 자발적이고 자율적인 활동을 허용해야 한다고 강조했다. 교육은 일찌감치 시작해야 하지만, 아이가 학습에 필요한 기능을 갖추기 전에 강요해서는 안 되고, 인간 본성의 자연적 순서에 따라 진행되어야 한다는 것이다. 특히 인간 본성에 의한 교육이 제대로 되기 위해서는 6세까지 경험하는 어머니의 무릎 학교가 가장 중요하고, 아이에게 최고의 교사는 어머니라고 역설했다.

엄마의 말 한 마디가 아이의 인생을 좌우한다

어머니의 무릎 학교란 어머니에 의한 가정교육을 가리킨다. 어떤 특별한 교육이 이루어지는 것이 아니라 어머니의 무릎에서 이루어지는 가르침을 말한다. 어머니의 말이 곧 교과서이고, 어머니가 생각하는 대로 아이들이 자란다고 해석할 수 있다. 결과적으로 어머니의 말에 의해 아이가

망가질 수도 있고 바로 세워질 수도 있다는 뜻
이다.

예컨대, 엄마가 "너는 원래 못하잖아", "너는 누
굴 닮아서 그 모양이니?" "커서 대체 뭐가 되려고 그러니?"와
같은 부정적인 자아를 심어주는 말을 한다면 아이를 정서적으로 학대하
는 것과 같다. 이런 말을 지속적으로 듣고 자란 아이는 훗날 문제아가 될
가능성이 높다.

교육학자 페스탈로치는 가정교육에 의해 인성의 틀이 형성된다고 주
장하였다. 그가 강조한 '안방 수업'의 세 가지 기능은 '3H'로 요약된다.

첫 번째 기능은 'Head'로, 아이가 어떤 가치관과 정신세계, 철학을 갖
게 되느냐는 부모의 가정교육에 좌우된다고 보았다. 어떤 가정에서는 도
덕성을 최고의 가치로 꼽고 어떤 가정에서는 돈을 최고의 가치로 꼽는
다. 아이의 머릿속에 무엇을 최고의 가치로 심어주는가는 부모의 가정교
육에 달려 있다는 말이다.

두 번째 기능은 'Heart'로, 다른 사람의 기쁨과 슬픔을 함께 나눌 줄 아
는 능력은 부모를 보고 배운다는 것이다. 넉넉지 않은 살림 속에서도 어
려운 처지에 있는 사람들에게 베풀며 살아가는 사람들이 있다. 그런 부
모를 지켜보며 자란 자녀는 굳이 배우지 않아도 남을 도와주고 봉사하는
사람으로 자란다는 것을 말한다.

아이에게 최고의 교육은
엄마의 무릎 학교에서
이루어진다.

세 번째 기능은 'Hand'로, 부지런한 부모 밑에서 부지런한 아이들이 자란다는 것이다. 엄마가 늘 부지런한 모습을 보이면 아이들은 성실하고 부지런한 삶의 태도를 갖게 되고, 게으른 부모 밑에서는 아이들도 게으르게 자란다는 말이다.

아이는 엄마의 사랑과 관심을 먹고 자란다

아이에게 가정은 단지 물리적인 환경이 아니다. 부모의 따뜻한 사랑 속에서 완전한 인간으로 성장하게 되는 더없이 중요한 곳이다. 그곳에서 처음으로 관계를 맺게 되는 엄마의 역할은 아무리 강조해도 지나치지 않을 것이다.

그렇다면 엄마는 어떤 역할을 해야 할까? 아이는 엄마의 사랑을 먹고 사는 존재다. 따라서 적어도 여섯 살까지는 엄마의 사랑을 충분히 느낄 수 있도록 세심하게 돌봐야 한다. 여섯 살까지 엄마와 애착관계가 잘 형성된 아이는 정서적으로 안정되고 다른 사람들과도 잘 어울린다. 그것은 나중에 아이의 정서와 사회성을 안정시켜 공부할 때 집중력을 뒷받침해준다.

아이를 밝고 건강하게 키우기 위해서는 일상생활에서 엄마의 사랑과 관심을 피부로 느끼게 해야 한다. 아이는 값비 싼 장난감을 받을 때 사랑과 관심을 느끼는 것 이 아니다. 시간을 함께 보내는 동안 엄마가 따뜻 한 눈빛을 보내주고 엄지손가락을 들어올려 '최고'라고 칭찬해 줄 때 사랑과 관심을 느낀다. 아이와 자주 눈을 맞추고, 안아주고, 많은 이야기를 나누고, 놀아주는 것이야말로 자녀교육의 근본이고 핵심이다.

애착관계가 잘 형성된 아이는 정서적으로 안정되고 다른 사람과도 잘 어울린다.

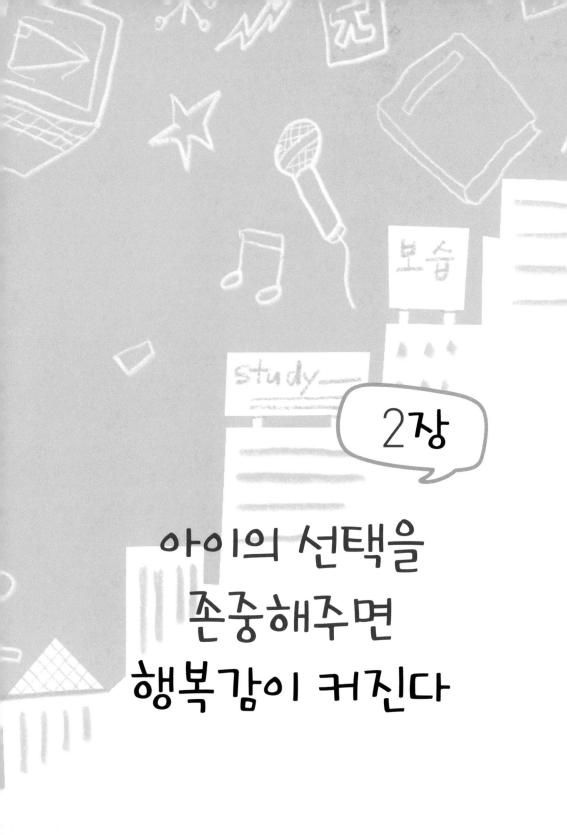

2장

아이의 선택을
존중해주면
행복감이 커진다

믿음이란 종달새의 알에서
종달새의 지저귀는 소리를 듣는 것이다.
· 에머슨 ·

아이는 놀아주는 만큼 더 잘 자란다

요즘 부모들에게 가장 강조하고 싶은 것은 바로 아이들의 놀이에 관한 문제다. 놀이를 의미 없이 시간을 허비하는 행위로 받아들이는 부모들이 의외로 많다. 하지만 아이들에게 놀이는 교육적으로 아주 중요하다.

아이들은 즐겁게 놀면서 많은 것을 배우고 성취감을 얻으며 학교교육에 필요한 여러 능력을 기른다. 또한 놀이는 아이들의 몸과 마음을 키우며 종합적인 사고능력과 사회성을 길러준다.

요즘 마음의 근력을 키워야 한다는 회복탄력성에 대한 연구보고가 많다. 운동을 통해서 몸 근력이 생긴다면 놀이를 통해서는 마음 근력이 생긴다고 할 수 있다. 마음 근력이 생기면 어려운 시련이나 역경도 잘 견딜수 있기 때문에 회복탄력성이 있느냐 없느냐에 따라 성공한 사람과 실패한 사람으로 나누기도 한다. 아이들은 즐거운 놀이를 통해 이런 회복탄력성을 키울 수 있다. 즐거운 놀이 속에서 하루하루를 지내다 보면 스트레스에도 강하고 회복탄력성도 높은 아이로 자라게 된다.

　　유대인들은 자녀교육에 대한 남다른 관심과 열정으로 유명하다. 그들은 취학 전 아이들에게 따로 공부를 시키지 않고 생활 규율이나 질서를 먼저 익히게 한다. 공부는 학교에 들어가서 하면 충분하고, 가정에서는 나중에 어려움 없이 공부할 수 있도록 기본 틀을 만들어주어야 한다고 생각한다. 그리고 그 시작을 놀이라고 본다.

　　유대인들은 평생 즐거운 마음으로 배우려면 어려서 마음껏 놀아야 한다고 생각한다. 어렸을 때 얼마나 잘 노느냐가 아이의 인생을 좌우한다고 본다. 그래서 부모의 역할은 아이들이 충분히 놀게 하고 그 속에서 기쁨과 정서적인 안정을 얻을 수 있도록 돕는 것이라고 믿는다.

놀면서 잘한다고 인정해주기

> 아이들은 즐거운 놀이를 통해 회복탄력성을 키운다.

지금 부모들은 조기교육이나 영재교육에만 매달려 놀이의 의미를 간과하고 있다. 당연히 아이와 놀아주는 방법도 잘 모른다. 아이들이 진정으로 필요로 하는 장난감은 값비싼 로봇이나 인형이 아니라 자기가 놀 때 곁에서 상호작용하는 사람이다. 특히 아빠와 엄마는 최고의 놀이 대상이다. 아빠 엄마와의 스킨십과 대화를 통한 놀이는 아이에게 정서적인 안정을 가져다주어 교육적인 효과도 매우 크다.

가령, 아이와 블록을 가지고 논다고 하자. 아이들은 조작놀이, 구성놀이를 잘하고 좋아해서 블록을 여러 개 이어서 많은 것들을 만들어낸다. 블록 몇 개를 기역 자처럼 만들어 "엄마, 내 총 좀 봐!"라며 총을 겨누고 총싸움을 시작했다고 하자. 이럴 때 부모는 쇼 타임을 가져야 한다. 하던 일을 그만두고 "으윽, 갑자기 공격하다니!"라거나 "진짜 멋진 따발총을 만들었구나"라고 감탄을 해주는 것이다. 그러면 아이는 금세 기분이 좋아져 우쭐한 표정을 짓는다.

다시 몇 분 후에 아이가 목이 긴 기린을 만들었다며 따발총을 약간 변형시켜 가져왔다고 하자. 이때 역시 부모는 쇼 타임에 들어가야 한다.

"어머, 목이 긴 기린이네!"

"기린 목을 한번 만져봐도 될까? 정말 목이 길구나!"

그러면서 아이의 등까지 두들겨주면 그날 아이는 신나게 블록놀이를 마칠 것이다.

부모가 울타리 역할만 해도 아이는 이처럼 블록놀이에 집중하면서 혼자 놀 때보다 더 재미있게 오랫동안 논다. 아이가 놀 때 엄마가 등을 두드려주거나 머리를 쓰다듬어 주는 등 스킨십을 해주면 아이 뇌에서는 세로토닌이 나온다. 또한 엄마한테 인정받는 느낌을 받으면 사랑받고 있다고 생각하게 된다.

요즘 부모들은 아이에게 말로는 사랑한다고 늘 얘기하지만 함께 노는 시간을 많이 할애하지 못한다. 그러다 자칫 아이에게 부모와 함께 놀았던 즐거운 기억이 없을 수 있다. 이는 곧 아이에게 유아기 상실을 의미한다. 실제로 "어린 시절에 좋았던 기억이 없어요"라고 말로 표현하지 않더라도 아이의 표정을 보면 알 수 있다.

막상 놀아주려 하면 난감해지는 어른들

그렇다면 부모는 아이와 어떻게 놀아주어야 할까?

우선 놀이 시간표를 만들어 놀아보자. 시간이 생기면 아이와 놀아주는 것이 아니라 정해진 시간에 아이와 재미있게 놀아주는 것이다. 부모들은 틈이 생기면 아이와 놀아준다고 하는데, 이는 바람직한 태도가 아니다. 현실적으로 바쁜 생활에 쫓기다시피 사는 엄마 아빠에게 자연스럽게 그럴 틈은 생기지 않기 때문이다.

부모들은 하루에 한 시간씩 의도적으로 시간을 내야 한다. 그 여건이 안 된다면 주말에 집중적으로 놀아주는 시간을 만들어야 한다. 하루 중 식사시간은 몇 시부터 몇 시까지라고 정해져 있는 것처럼 아이와 놀아주는 시간을 정하는 것이다. 그 시간 동안은 오롯이 아이와 함께 놀아주도록 노력해야 한다. 설거지나 청소, 빨래가 밀려 있다고 변명하지 마라. 그 일은 아이가 잘 때 해도 충분하다.

막상 놀려고 해도 어떻게 놀아주어야 할지 난감하다는 부모가 많다. 아이와 놀아줄 때 가장 중요한 것은 부모가 놀이를 주도해서는 안 된다는 것이다. 놀이의 주체는 무조건 아이가 되어야 한다. 엄마 아빠는 주변인이 되어 놀이를 더 재밌게 해주는 보조 역할만 하면 된다. 엄마 아빠가 아이 곁에서 엑스트라처럼 놀아주면 아이는 스스로 아이디어를 내서 놀이를 하게 된다. 놀이의 중심이 아이라고 해서 세상의 중심으로 키우라는 뜻은 아니다. 여러 명이 같이 놀다 보면 아이들은 양보라는 개념을 필수적으로 배우게 된다. 그래서 잘 노는 아이들은 이기적으로 자라지 않는다.

놀이의 주체가 부모가 되면 아이들은 놀이에 흥미를 잃어버린다. 아이들은 놀이 자체가 즐겁고 재미있지 않으면 집중하지 않는다. 예컨대, 놀이를 한답시고 블록을 방바닥에 뿌려놓고 "파란색 네모를 찾아볼래?"라고 하면 아이는 놀이가 아니라 공부라고 생각하기 때문에 금세 지루한 표정을 짓는다.

엄마는 아이의 지루해 하는 태도를 눈여겨보다가 상담실을 찾아와 이렇게 걱정한다.

"우리 아이는 산만하고 한 가지에 집중을 잘 못해요."

상담을 해보면 아이가 아니라 엄마의 양육 태도와 놀이방식에 문제가 있다는 것이 밝혀질 때가 많다.

장난감에는 놀이의 진정한 즐거움이 없다

부모들은 아이와 놀 때 교재나 교구 같은 것들이 있어야 한다고 생각한다. 바빠서 놀아주지 못하는 부모들은 아이가 좋아하는 장난감으로 보상하고 싶은 심리도 있다. 아무리 비싸고 신기한 장난감이라도 아이들은 2주일을 못 넘긴다. 그만큼 쉽게 싫증을 낸다.

아이들에게 가장 좋은 장난감은 상호작용이 가능한 엄마 아빠이다. 블록이나 퍼즐 같은 지능개발형 놀이도 좋지만, 몸을 움직이고 접촉할 수 있는 신체놀이를 해야 뇌가 골고루 발달한다. 부모와 눈을 마주치고 스킨십을 하는 동안 아이들의 뇌에서는 세로토닌이 분비된다. 세로토닌은 스트레스를 이겨내는 물질로 위기대처 능력을 발달시킨다. 장난감으로 시간을 보내는 아이는 사랑을 배울 수 없지만 부모와 시간을 보내는 아이는 특별한 사랑과 관심을 느끼고, 상황과 눈높이에 맞게 놀아주는 부모를 통해 진정한 놀이의 즐거움을 느낀다.

아이에게 너무 장난감이 많아도 놀이를 방해하고 산만하게 만든다.

아이들이 진정으로 원하는 것은 값비싼 장난감이 아니라 잘 놀아주는 부모이다. 그리고 자녀와 신체놀이나 언어놀이를 통해 적극적으로 놀아주면 아이의 좌뇌와 우뇌가 골고루 자극받아 전뇌가 발달한다.

아이가 장난감이나 놀잇감을 원할 때는 아이의 나이나 눈높이에 맞춰야 한다. 나이에 비해 너무 쉬운 놀잇감은 금세 싫증을 내고, 너무 어려운 장난감은 어른의 도움을 받아야 해서 재미뿐만 아니라 성취감도 느끼지 못한다. 너무 장난감이 많아도 놀이를 방해하고 산만하게 만든다. 그러므로 아이가 관심을 보이지 않는 장난감은 당분간 치워두었다가 나중에 다시 내놓는 게 좋다.

고장이 나서 고칠 수 없는 장난감은 과감히 버려야 한다. 아이가 작동이 안 되는 장난감을 가지고 놀다가 화를 내기도 하고 훌쩍 내던질 때가 있다. 그것은 장난감이 망가져서가 아니라 자신이 작동을 못 시켜서 안 움직인다고 생각해 좌절감을 표현하는 것이다.

주말에는 특별하게 놀아주기

평일에는 장난감을 가지고 놀더라도 주말에는 좀 더 활동적인 프로그램으로 놀아주자. 간단히 먹을 것을 챙겨서 근교에 캠프를 가는 것도 좋다. 함께 갈 다른 가족이 있다면 여럿이 바비큐를 해먹는 좋은 추억도 만들 수 있을 것이다.

캠프에서 아빠가 고기를 굽다가 가장 먼저 익은 것을 입에 넣어주었을 때 감동을 받았다는 아이의 글을 본 적이 있다. 평소에는 무뚝뚝하지만 사실 아빠의 마음이 따뜻하다는 것을 알았다는 내용이었다.

아이들은 다른 가족과 부대끼다가 자기 부모님에 대한 고마움을 새삼 느끼기도 한다. 요즘 아이들은 남의 눈치를 읽거나 스스로 알아서 행동하지 못한다고 걱정하는 부모들이 많다. 그렇다고 그것들을 일일이 부모가 아이의 머릿속에 넣어줄 수는 없는 일이다. 그런데 다른 가족과 함께하는 체험과 경험을 하다 보면 자연스럽게 내 부모와 다른 집 부모의 생각을

알게 되고, 눈치껏 행동하기도 하면서 많은 것
을 배울 수 있다. 아이들을 데리고 밖으로 나가
야 하는 이유이기도 하다.

아이는 다른 가족과 함께하면서 눈치껏 행동하기도 하고 많은 것을 배운다.

아이 편에 서서
생각하고 칭찬하라

자신감이 있는 아이들은 정서적으로 안정된 모습을 보이고, 스스로 알아서 일을 처리한다. 호기심도 많아 능동적이고 적극적이며 긍정적으로 사고한다.

아이의 자신감은 태어나서 1세까지 양육자가 아이의 욕구에 민감하게 반응해주는 과정에서 생긴다. 바로 양육자를 믿고 의지하려는 신뢰감에서부터 시작된다고 보면 된다.

놀이터에서 잘 놀지 못하는 아이

자신감 측면에서 보면 늘 순종적인 것보다 자기주장이 강한 것이 바람직하다.

예컨대, 8개월 된 아이가 우유를 먹다가 모자라서 엄마가 젖병을 들고 주방으로 달려갔다. 아이들은 처음에 엄마가 사라지면 울다가 차차 울지 않고 기다린다. 다시 엄마가 돌아올 거라는 신뢰감이 생겼기 때문이다. 그동안 엄마가 항상 돌아왔고 다시 맛있는 우유를 먹여주었기 때문에 믿음이 생긴 것이다. 물론 대상영속성(어떤 물체나 사람이 방해물에 가려져 보이지 않더라도 사라지지 않고 지속적으로 존재하고 있다는 사실을 아는 능력을 말한다)이 생겨서 그럴 수도 있다.

2세 이후에는 자아가 생기면서 의견을 말하는데, "예"보다는 "아니오"를 더 많이 사용한다. 예컨대, 뭔가를 하라고 시키면 "싫어, 안 해"라고 반항한다. 뭔가를 해주려고 하면 "싫어, 내가 할 거야"라고 자기주장을 한다. 자신감 측면에서 본다면 늘 순종적이고 말을 잘 듣는 아이보다 자기주장이 강한 아이가 바람직하다. 반항한다고 걱정할 필요가 없다는 말이다.

아이가 반항할 때 "네가 뭘 안다고 그래? 엄마 시키는 대로 해"라고 강하게 나오는 엄마들이 있다. 언뜻 보면 그 집 아이가 순종적으로 성장하는 것 같지만 스스로 계획하고 결정하는 일은 하려 들지 않는다. 더 큰 문제는 매사에 물어보고 확인받으려 하는 태도이다.

4세 이전까지 말로 했다고 치면 4세 이후에는 실제로 뭔가 하고 싶은 충동이 생기면 바로 행동으로 옮긴다. 이 시기의 아이들은 끊임없이 질문하고 답을 찾으면서 배운다. 이때 아이들은 아는 것과 할 수 있는 것에는 자부심을 느끼지만 그렇지 못한 경우에는 수치심을 느끼고 위축된다. 그래서 이 시기의 아이들은 몇 명만 모여도 별것 아닌 것으로 경쟁을 하고 승부를 가른다.

일반적으로 위축되고 사회성이 부족한 아이들은 놀이터에 나가도 이런 경쟁에 끼어들지 않는다. 멀찍이 떨어져 혼자 놀거나 아이들이 노는 모습을 물끄러미 바라보고 있는 경우가 많다. 이 아이들은 사교적이지 못해서 놀이에 끼지 못할 수도 있지만 놀면서 경쟁하는 것이 겁이 나는 것일 수도 있다. 자신감에 문제가 있을 수 있다는 말이다.

잘하면 크게 칭찬하고 못하면 격려하기

부모는 매사를 아이 편에서 생각하면 된다. 물론 발달단계도 고려하고 개인차도 생각해야 한다. 잘한 것에 초점을 맞추어서 칭찬해주면 아이는 '나도 할 수 있구나'라고 생각해 더 잘하려고 애쓴다. 그러므로 어른 눈에 시시한 일이라도 아이 스스로 노력해서 한 일에 대해서는 격려하고 칭찬

해야 한다. 그러면 점차 부모가 원하는 방향으
로 더 노력하게 된다.

　안타깝게도 현실에서는 아이가 잘하는 것은 당
연하게 받아들이고, 못하는 것은 그때마다 지적하고 꾸중하고
나무라는 부모들이 많다. 그러면 아이는 잘하던 것까지 못하게 된다. 물
론 잘하는 것을 크게 칭찬하고 못하는 것을 위로하고 격려하면 모두 다
잘할 수 있게 된다.

　형제간에 끊임없이 비교당하고 자란 아이들은 자신감이 부족한 아이
가 되기 쉽다. 똑똑한 형과 비교당한 동생은 형을 부러워하며 노력하기
보다는 자신감이 떨어져서 열등감을 갖게 된다. 반대로 동생과 비교되면
서 칭찬만 받은 형은 쓸데없는 우월감에 빠져 남을 무시하게 된다. 결국
비교당한 형제 모두 열등감과 우월감에 빠져 자신감을 키우지 못한다.
꼭 비교해서 말하고 싶을 때는 아이 자신의 6개월 전과 지금의 모습을
거론하여 자신감을 키워주는 게 좋다.

아이는 부모가 말하는 대로 자란다

아이를 과잉보호하는 것도 자신감을 떨어뜨릴 수 있다. 아이가 혼자

할 수 있는 일까지 일일이 도와주고 대신 해주면 자신감도 없어지고 독립심이 약해진다. 자칫하면 성인이 되어서도 부모의 도움을 의지하는 나약한 사람이 될 수 있으니 조심해야 한다.

　더 심한 경우는 아이가 잘하지 못할 때 빈정대거나 악담을 하는 부모이다.

　"넌 이렇게 간단한 것도 혼자 못하니?"

　"네가 하는 일이 다 그렇지. 엄마가 뭘 바라겠니?"

　"계속 그렇게 바보처럼 굴거니?"

　이런 말을 듣고 자란 아이는 자신감은 물론이고 자존감도 땅에 떨어지고 말 것이다. 내가 말하는 대로 내 아이가 자란다고 생각하자. 말이 씨가 된다는 옛 어른들의 말을 되새긴다면 아이에게 함부로 말을 내뱉는 일이 줄어들 것이다.

실패해본 아이가
더 단단하게 자란다

아이는 스스로 자라는 독립된 인격체이다. 아이는 스스로 주변을 탐색하며 세상을 배워간다. 부모가 아이의 삶을 통제하고 개입한다고 해서 원하는 대로 다 되지는 않는다. 따라서 자녀교육의 최종 목표는 아이가 홀로서기를 하도록 돕는 데 두어야 한다. 부모가 적극적으로 개입해서 아이를 끌고 가는 교육이 아니라, 아이 스스로 원하는 것을 선택해 배워가도록 밀어주는 교육이 되어야 한다.

요즘 부모들을 보면 양육의 목표가 '내 아이 기 살리기'인 양 과잉보호에 치중하는 모양새다. 아이의 뒤를 졸졸 따라다니며 일일이 통제하고 간섭하는 부모들이 그만큼 많다. 결과적으로 성공도 해보고 실패도 해볼 기회를 빼앗긴 아이들은 소극적이고 의존적으로 자라고 있다.

아이의 자율성 키우기

아이의 발달단계에서 자기주장이 부쩍 강해지는 시기가 있는데, 그때가 바로 돌을 지나 걷기 시작할 때이다. 눈에 보이고 손에 닿는 것은 이 것저것 살펴야 직성이 풀리고, 끊임없이 무언가를 하고 싶어 한다. 엄마 아빠의 행동을 따라 하려는 욕구도 강해서 스스로 이를 닦고 손을 씻으려 한다. 심지어 밥 먹고 옷 입는 것까지 자신이 하겠다고 고집을 부린다. 숟가락질을 제대로 못해 여기저기 흘리고 정작 입에 들어가는 것은 거의 없는데도 자신이 하겠다고 떼를 쓴다. 이 시기의 아이들은 이런 시행착오를 통해서 자율성을 얻게 된다.

물론 아이 혼자 무언가를 하게 하면 시간이 더 오래 걸리고 집안을 어지럽히기 마련이다. 그래도 아이가 도움을 청하기 전까지는 최대한 스스로 하도록 배려해야 한다. 이때 아이의 활동을 제재하면 자율성에 문제가 생길 수 있으므로 가능한 범위 안에서는 인정해주는 게 좋다.

한 엄마는 딸아이가 이유식을 시작할 때부터 직접 숟가락질을 하도록 도와주었다고 한다. 식탁 밑에 신문지를 널따랗게 깔아주고 그곳에서 아이가 이유식을 먹게 한 것이다. 숟가락질을 직접 하고 싶어 하는 아이가 마음 놓고 흘리면서 먹을 수 있도록 배려한 것이다.

숟가락질이 서툰 아이는 엄마가 직접 떠먹이는 편이 훨씬 수월하다. 하지만 이 엄마는 시간도 더 걸리고 성가신 일도 몇 배로 더 생기는 일도 마다하지 않았다. 몇 달 뒤, 아이를 위해 까는 신문지는 두 장으로 충분해졌고, 그로부터 몇 달이 더 흐르자 아이는 능숙하게 숟가락질을 하기 시작했다. 그 아이는 학교에 들어가서도 스스로 공부하는 습관을 만들었다. 마음 놓고 실수할 수 있도록 허용하고 배려한 엄마 덕분에 아이의 자율성이 건강하게 발달한 것이다.

아이가 자기가 하겠다고 떼쓸 때 자꾸 제재하면 자율성에 문제가 생긴다.

귀찮고 성가신 일 감수하기

나는 두 아이 모두가 밥을 먹을 무렵 우연히 포크 숟가락을 발견했다. 아이들이 포크 숟가락으로 밥도 먹고 반찬도 찍어 먹는 모습을 보면서 얼마나 흐뭇했는지 모른다. 몇 년 후, 두 아이가 유치원을 다니면서 같은 반 아이의 엄마와 친분이 생겨 서로의 집을 왕래하게 되었다. 함께 식사를 하던 날 나는 아들의 친구가 숟가락과 젓가락을 자유롭게 사용하는 걸 보고 적잖이 놀랐다. 그래서 아이의 엄마에게 그 비결을 물었다.

"아이 돌 선물로 은수저 세트를 하나 받았어요. 아이가 밥을 먹기 시작할 무렵부터 그것을 밥상에 올려놓았는데, 숟가락 젓가락으로 여러 모양을 만들면서 놀더라고요. 처음에는 그렇게 가지고 놀더니 나중에 젓가락 쥐는 힘이 생기니까 자연스럽게 젓가락질을 하더라고요."

나는 한 방 맞은 기분이었다. 그날 바로 아이들의 숟가락과 젓가락을 사왔고, 밥상에 놓아주었다. 젓가락질을 아예 하지 못했던 아이들은 한동안 꽤 힘들어 했다. 김치를 집어 올리다가 내 옷에 국물을 튀게 하는 일도 종종 벌어졌다. 하지만 몇 달 동안 묵묵히 지켜보았더니 차츰차츰 능숙해졌다.

대부분의 엄마는 나처럼 뒤치다꺼리가 귀찮아 간편한 포크 숟가락을 쥐어줄 것이다. 아이를 위해서 번거롭더라도 숟가락과 젓가락을 사용하게 해보자. 잠시 귀찮고 성가신 일을 감수하는 것만으로도 아이의 자율성을 키울 수 있다는 것을 기억하자.

백 번의 잔소리보다
한 번의 경험이 낫다

아이가 3~4세가 되면 끊임없이 주변을 탐색하고, 때로는 위험한 행동도 서슴지 않는다. 이 시기의 아이들은 장난감보다 주변의 사물에 호기심을 보인다. 싱크대 속의 주방용품이나 화장대의 화장품을 모두 꺼내서 열어보고 뒤집어보는 시기가 이때다. 몰래 욕실에 들어가 변기에 손을 넣고 놀다가 엄마를 기함하게 만들기도 한다. 그래서 아이 손이 닿을 수 있는 곳의 물건을 모조리 치워버리는 엄마들이 많다. 또, 위험하고 더럽고 집 안을 어지럽힌다고 아이의 행동을 통제하기 바쁘다.

엄마들이 알아야 할 게 있다. 주위에 탐색할 사물이 없어지면 아이들의 호기심이 사라지고, 스스로 문제를 해결하는 능력도 떨어진다는 것이다. 반면에 가끔 실수도 하고 말썽을 부리지만 여러 경험을 해본 아이들은 문제해결 능력과 자율성이 커진다.

아이는 즐거워하지만 어른의 눈에 위험해 보인다고 무조건 못하게 막으면 안 된다. 자칫 아이의 호기심과 의욕을 꺾어 자율성을 해칠 수 있기 때문이다.

나 역시 아이들과 놀이터에 나가서 놀 때 위험해 보이는 미끄럼틀 위로 올라가려고 하면 "안 돼"라고 소리치고 싶을 때가 한두 번이 아니었다. 그때마다 나는 아이가 다치면 병원으로 업고 뛸 마음의 준비를 하고 조마조마한 심정으로 지켜보았다.

아이 스스로 위험하다는 사실을 깨닫는 데는 백 번의 잔소리보다 한 번의 경험이 효과적이다. 다행히도 나는 아이가 다쳐서 병원으로 뛰는 사고는 한 번도 일어나지 않았다. 아이들은 저마다 자기만의 안전장치가 있어서 스스로 몸을 보호한다. 형을 따라서 높은 미끄럼틀에 올라가더라도 안전장치의 위험신호를 받으면 머뭇거리면서 다시 계단으로 내려온다.

간혹 아이가 뛰어가다 넘어지면 부리나케 달려가 일으켜 세우는 엄마들이 있다. 엄마가 달려가면 희한하게도 그때까지 울지 않던 아이가 갑자기 울음을 터뜨린다.

아이들이 넘어질 때는 스스로 일어날 힘도 갖고 있다고 한다. 부모가 넘어진 아이를 일으켜 세울 이유가 전혀 없다. 이때는 "괜찮아, 털고 일어나!"라고 말하면서 아이가 스스로 일어설 때까지 기다려주어야 제대로 된 홀로서기를 배울 수 있다.

실패하는 아이, 인내심을 갖고 지켜보기

부모에게는 때때로 자녀가 겪는 고통을 지켜볼 수 있는 용기가 필요하다. 아이가 상처받고 쓰러지고 좌절하고 방황하고 시행착오를 겪더라도 스스로 성장할 수 있도록 인내심을 가지고 지켜보는 자세가 필요한 것이다.

실패를 두려워하지 않고 스스로 이겨내는 아이로 키워야 한다.

미국에 사는 한 교포 엄마의 이야기를 들은 적이 있다. 그 엄마에게는 운동도 잘하고 공부도 잘하는 아들이 있었다. 아이는 지역 축구팀에서 늘 주전으로 뛸 정도로 실력 있는 선수였다. 그러던 어느 날, 아들이 독일로 전지훈련을 떠났다. 그곳에서 다른 지역 선수들과 축구 경기를 하게 되었는데, 독일인 코치는 이 아이를 선발하지 않았다. 아이는 주전은 고사하고 교체선수 명단에서도 탈락된 것에 큰 충격을 받았다.

그때 아이의 엄마는 마음속으로 손뼉을 쳤다고 한다. 그때까지 아이는 운동도 잘하고 공부도 잘해서 좌절이나 실패를 경험해본 적이 없었다. 그래서인지 때때로 교만한 모습이 보였다. 그런 모습을 안타깝게 생각하고 있던 터라 아이가 그 기회를 통해 겸손함을 배우기를 바랐다는 것이다.

당시에는 아이가 실망하고 분노하는 모습을 지켜보면서 마음이 아팠지만, 엄마 입장에서는 아이가 한 번쯤 그런 경험을 할 필요가 있다고 생각했다. 그리고 그 실패 경험은 아이에게 엄청난 변화를 이끌어냈다. 그 사건 이후 아이는 몰라보게 겸손해졌고, 다른 사람의 마음을 헤아리는 모습을 보였던 것이다.

지혜로운 부모는 내 아이가 일등 하느냐 꼴찌 하느냐를 중요하게 생각하지 않는다. 오히려 아이가 실패를 두려워하지 않고 스스로 아픔을 이겨내면서 자라는 데 관심을 둔다.

좋아하는 것이 있는
아이가 행복하게 자란다

학생들을 가르치다 보면, 선택한 전공에 대해 후회하고 졸업후 진로를 정하지 못해 방황하는 모습을 종종 본다. 중·고등학교 시절, 치열한 서열경쟁에 시달리며 대학입시를 향해 정신없이 달려오는 동안 내가 왜 여기에 와 있는지를 잊고 만 것이다. 이런 경쟁 끝에 대학에 들어가고 졸업을 해도 4명 중 1명이 실업자가 되는 현실은 우리교육의 경쟁력을 다시 생각하게 한다.

정말 좋아하고 잘하는 일 찾아내기

사람이 살아가면서 자신이 진정으로 좋아하는 일을 직업으로 가진 것을 행복이라고 한다면 과연 우리는 얼마나 행복하다고 말할 수 있을까?

미국 유학 시절, 과학교육을 전공하던 친구가 있었다. 그는 의과대학을 다니다가 전공을 바꾸었다. 집안 식구들이 모두 의사라서 아무런 갈등 없이 의대에 진학했던 친구는 해부학 실습을 할 때마다 괴로워하다가 결국 자퇴를 하고 말았다. 그리고 자신이 좋아하는 과학을 공부하는 지금 이 순간이 너무 행복하다고 하였다.

부모는 더욱더 멀리, 그리고 폭넓게 인생을 내다보면서 아이가 정말 좋아하는 일이 무엇인지, 정말 잘할 수 있는 것이 무엇인지 파악하여 교육 설계를 해야 한다. 부모들은 아이가 주로 무슨 활동을 하고, 어떤 과제에 몰입하여 흥미를 보이는지 주의 깊게 관찰해야 한다. 어떤 과제를 하는 동안 시간 가는 줄 모르고 빠져드는 모습을 보았다면 바로 그 분야에 재능과 능력이 있다는 증거이다. 아이가 어떤 분야에 흥미를 느낀다면 적극적으로 그 분야의 능력을 개발시킬 필요가 있다. 이를 무시하고 부모 욕심껏 이것저것 시키거나 마음대로 진로를 정해 강요하는 것은 아이를 통해 부모의 욕망을 대리 만족하는 것이다. 결과적으로 부모의 욕심은 아이를 망가뜨리고 말 것이다.

아이의 개성과 재능 키워주기

아이의 재능을 알고 싶다면 어떤 활동을 할 때 몰입하는지를 관찰하자.

최근 한 기업체의 신입사원 선발시험에서 응시자들의 표정이 얼마나 밝은가를 면접 심사기준에 포함시켰다는 이야기를 들었다. 표정이 밝은 사람은 상대적으로 자신감이 넘치고, 긍정적이고 적극적이며, 업무를 추진력 있게 수행한다고 본다는 이유에서였다.

아이들의 기쁨은 자신이 하고 싶은 것을 마음껏 할 수 있는 환경에서 우러나온다. 아이의 기쁨지수를 높이려면 아이가 좋아하는 것을 찾아내고 개성과 재능을 충분히 발휘할 수 있도록 이끌어주면 된다. 그러기 위해 부모는 아이의 노는 모습을 관심 있게 지켜봐야 한다. 딸아이가 패션디자이너의 꿈을 키우고 있는 한 엄마의 이야기를 소개한다.

어느 날, 딸아이가 낡아서 못 입게 된 운동복 바지를 이리저리 살피더니, 바지 아랫부분을 자르고 가랑이로 머리가 나오게 만들어 티셔츠처럼 입고 놀더란다. 엄마는 그 순간 아이에게 고정관념을 깨는 놀라운 창의력과 타고난 손재주가 있다는 사실을 발견했다. 그 후 엄마는 헌 옷을 더 찾아서 아이가 마음껏 가지고 놀게 했다. 일주일에 한 번씩 광장시장에 나가 버리는 원단 조각들을 얻어오고, 맘에 드는 원단을 사서 옷을 만들게도 해주었다. 참으로 대단한 엄마가 아닌가.

초등학교 때부터 패션디자인학원에 다니며 손수 디자인을 했던 아이는 어느덧 옷감을 만져보고 재질과 특성을 얘기할 수 있을 만큼 풍부한 전문지식과 감각을 갖추게 되었다고 한다.

아들을 발명 영재로 키워낸 또 다른 엄마의 이야기도 있다.

어린 시절부터 집 안에 있는 멀쩡한 가전제품이나 시계 등을 뜯어보는 아들을 둔 엄마가 있었다. 야단을 치고 싶을 때가 많았지만 호기심을 보이는 물건에 대해 아는 만큼 원리를 설명해주기도 하면서 격려해주었다. 아이가 새로운 발명을 했을 때는 아무리 사소한 것이라도 칭찬을 아끼지 않았다. 현재 중학생인 그 아들은 발명 아이디어 대회 및 공모전에 나가서 여러 차례 입상하는 등 발명 영재로 두각을 나타내고 있다고 한다.

아이의 행복할 권리를 빼앗는 사회

우리의 교육 현실은 아이의 적성과 흥미를 고려하기보다 단순히 성적을 기준으로 학생들을 배열한다. 부모들은 이러한 교육 시스템이 요구하는 학생으로 키우기 위해 과외를 시키고 여러 학원을 전전하게 한다. 아이들이 잠재된 개성과 재능뿐만 아니라 행복할 권리마저 빼앗기고 있는 것 같아 안타까울 뿐이다.

하버드 대학교의 가드너 교수는 인간의 다면적 지능을 10가지로 정의하면서 10가지 지능 중에서 특별히 잘하는 한두 분야를 조기에 발견해서 특화시켜야 한다고 주장했다. 이제까지의 사회가 다방면에 뛰어난 멀티지능형 인재를 추구했다면 앞으로는 모노지능형 인재를 선호하는 사회로 변해가기 때문이다. 그렇게 된다면 멀티지능형 인재가 되려고 안간힘을 쓰느라 잃어버렸던 아이들의 미소를 되찾을 수 있을지 모르겠다.

이제부터 부모는 아이들이 어려서부터 노는 모습을 유심히 지켜보면서 어떤 분야에 흥미를 느끼는지 알아내어 재능을 이끌어내는 데 도움을 주어야 한다. 그래야 아이도, 부모도 모두 행복해질 수 있다.

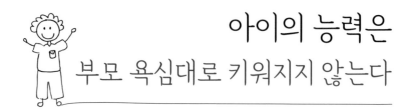

아이의 능력은
부모 욕심대로 키워지지 않는다

자녀교육은 포기하지 않는 부모만이 성공한다는 말이 있다. 에디슨이나 아인슈타인 등 세계적인 위인을 길러낸 어머니들의 공통점은 어린 시절 남들에게 부족하다고 말을 듣던 아이를 끝까지 포기하지 않았다는 것이다. 그 어머니들은 아이 스스로 재능을 찾을 때까지 눈높이에 맞춰 기다려주고, 응원과 격려를 아끼지 않았다.

요즘 부모들은 아이에 대해 높은 기대치를 설정해두고 그 수준에 미치지 못하면 야단치고 닦달하고 비난하는 경우가 많다. 그리고 각종 학습

지와 학원, 과외 등 온갖 방법을 동원해 아이의
능력을 끌어올리기 위해 안간힘을 쓴다.

아이에 대해 높은 기대치를
설정해두고
닦달해서는 안 된다.

아이의 능력은 부모의 기대대로 키워지지 않는다

전업주부인 한 엄마는 딸아이의 성적에 온 신경을 곤두세우고 있었다. 시댁 식구와 친척들 중에 의사 부부가 많았는데, 가족 모임이 있을 때마다 시어머니한테 이런 말을 들었기 때문이었다.

"쟤가 공부를 못하면 다 널 닮아서 그런 거야."

그 엄마는 아이의 성적 하나하나에 신경을 쓰지 않을 수 없었다. 아이는 초등학교 때부터 각종 고액 과외를 받으면서 상위권 성적을 유지해나갔다. 그러나 고등학교에 들어가면서 성적이 조금씩 떨어지기 시작했다. 엄마의 기대에 미치지 못하는 성적표가 나오자 딸아이와 엄마 사이에 크고 작은 갈등이 빚어졌다. 성적 스트레스와 엄마와의 지속된 갈등 속에서 아이는 자살을 택하고 말았다. 몹시 안타까운 사연이지만, 요즘도 비슷한 사건이 가끔 언론에 오르내린다.

현명한 부모가 되고 싶다면 점수나 등수에 집착하지 말고 학습에서 좋은 열매를 맺도록 어려서부터 기틀을 마련해주고 기다려야 한다. 스스로 생각할 줄 아는 아이로 자라도록 배려하고 지켜보는 자세가 필요하다는 말이다.

아이의 흥미에 맞춰 한글 가르치기

한 어린이집에서는 부모들 요청으로 6세반 아이들에게 한글 교육을 시작했다. 아이들 대부분이 책상에 둘러앉아 잘 따라 배우는데 한 아이가 재미를 못 느끼고 관심을 보이지 않았다. 선생님이 상황을 설명했더니 아이 엄마는 이렇게 부탁했다.

"우리 아이는 한쪽에서 조용히 놀게 해주세요."

그 후 1년이 되어갈 무렵, 아이가 글자에 관심을 보이기 시작했다. 엄마는 신문이나 잡지를 펼쳐놓고 같은 낱말을 찾게 하는 놀이를 하였다. 엄마가 아이의 눈높이에 맞추어 흥미를 유도하고 한글을 깨치게 한 것이다. 한글을 가르치는 방법은 달랐지만 결과적으로 어린이집에서 배운 다른 아이들과 금세 비슷한 수준이 되었다.

이런 경우 보통 엄마들은 '아이가 왜 공부에 흥미를 느끼지 못할까?', '다른 아이들보다 뒤처지면 어떡하지?'라며 염려하고 불안해한다. 그런데 이 엄마는 아이가 글자에 관심이 생길 때까지 기다렸다가 눈높이에 맞춘

교육법으로 극적인 교육 효과를 이끌어냈다. 아이도, 엄마도 공부 스트레스 없이 한글을 깨치게 된 좋은 예이다.

아이의 노는 모습 관찰하기

엄마가 아이의 발달단계를 파악하고, 아이가 아직 학습할 준비가 되지 않은 것을 알고 기다려준 1년이란 시간은 아이에게 꼭 필요한 충전의 기간이었다고 할 수 있다. 그 시간을 충분히 기다려주었기 때문에 아이는 어려움이나 갈등 없이 한글을 깨칠 수 있었고, 그 속에서 자연스럽게 학습에 대한 긍정적인 태도를 갖게 되었을 것이다.

아이들은 저마다 서로 다른 개성과 성향을 가지고 세상에 태어난다. 축구나 야구처럼 활동적인 것을 좋아하는 아이가 있고, 집 안에서 조용히 책을 읽는 것처럼 정적인 것을 좋아하는 아이가 있다. 아이가 어떤 성향과 재능을 가지고 있는지는 노는 모습만 지켜봐도 알 수 있다. 내 아이가 어떤 분야에 재능을 가졌는지, 아이의 눈높이에 맞는 교육을 하려면 어떻게 해야 하는지를 알고 싶다면 아이의 노는 모습을 관찰하면 된다.

특히 무엇에 호기심을 보이는지를 잘 살펴야 한다. 그리고 아이의 성향을 파악해서 그에 맞는 놀이를 찾아주고, 재능을 보인다면 격려하고 칭찬해주면서 자연스럽게 그 분야로 이끌어주면 된다. 바로 이것이 눈높이 교육이다.

영재아가 왜 학습부진아가 되었을까?

한 부모에게서 태어난 아이들도 성향과 재능이 서로 다르다. 내 두 아들도 첫째아이는 수리적·과학적 사고가 발달하여 꽤 분석적이었는데 조금 까다로운 성향이었고, 둘째아이는 성적은 좋지 않았지만 대인관계가 좋아 친구가 많았다.

1991년 박사과정을 위해 미국에 갔을 때, 큰아이는 여덟 살, 둘째아이는 여섯 살이었다. 아이들은 영어를 한마디도 할 줄 몰랐지만 창의적이고 논리적인 사고를 인정받아 영재학교에 다닐 수 있었다. 하지만 5년 후에 귀국해서는 알림장도 제대로 적어오지 못하는 학습부진아 취급을 받아 학교생활에 적지 않은 어려움을 겪어야 했다. 그나마 학교에 가기 싫다고 꾀병 부리는 일이 없어 다행이라고 스스로 위로할 정도였다.

미국에서 재능을 인정받았던 아이들은 왜 한국에서 학습부진아가 되었을까? 궁금해서 원인을 분석해봤더니 미국은 공부를 잘하든 못하든 아이의 눈높이에서 다양한 재능을 이끌어내는 교육 방식을 가지고 있는 반면, 한국은 적성이나 흥미는 고려하지 않고 성적순으로 아이들을 배열하는 획일적인 방식으로 교육을 하기 때문이라는 결론이 나왔다.

학교 성적을 높이려면 정답을 찾는 수렴적 사고를 많이 훈련해야 한다. 그런데 창의교육이 이루어지려면 확산적 사고에 더 익숙해져야 한다. 사회에는 집중력이 높고 수렴적 사고를 잘하는 사람도 필요하지만, 현장에서 이것저것 들춰내면서 기발한 생각을 해내는 확산적 사고를 잘하는 사람도 필요하다. 나는 두 아들이 공부를 잘하기보다 자신의 재능과 특성을 살려 자기가 좋아하는 일을 하면서 살아가기를 바랐다. 그래야 행복한 삶을 살 수 있다고 믿었기 때문이다.

점수는 중요하지 않다

그럼에도 아이들의 시험지를 보며 걱정스러운 말투로 한마디씩 튀어나올 때가 있었다.

"아들아, 이 문제는 어제 푼 건데 왜 틀렸니?"

그러자 아이는 별 일 아니라는 듯 이렇게 반문했다.

"엄마, 답은 틀렸지만 개념을 이해했으면 된 거 아니에요? 점수가 중요한 건 아니잖아요?"

그 말을 듣고 순간 멍했다. 미국식 교육이 몸에 밴 아이를 점수와 석차라는 틀에 가두려 했다는 반성도 했다. 그 후에는 아들이 시험을 치르고 집에 오면 시험에 대해 묻지 않고 "애썼구나. 쉬렴"이라는 말만 했다.

우리는 지금 '무엇을 많이 아느냐?'보다 '어디에서 정보를 찾고, 그것을 어떻게 창의적으로 활용하느냐?'가 더 중요한 시대를 살고 있다. 따라서 부모는 아이 스스로 자기의 길을 찾아가도록 도와야 한다.

전 세계에 살고 있는 70억 인구의 뇌는 제각각 다르다. 그러므로 아이들이 가진 저마다의 특성과 재능을 고려해 낙오자나 실패자 없는 횡적 배열로 서로의 다양성을 인정해주고, 스스로 자기 일을 즐길 수 있는 교육환경을 만들어 나가야 한다.

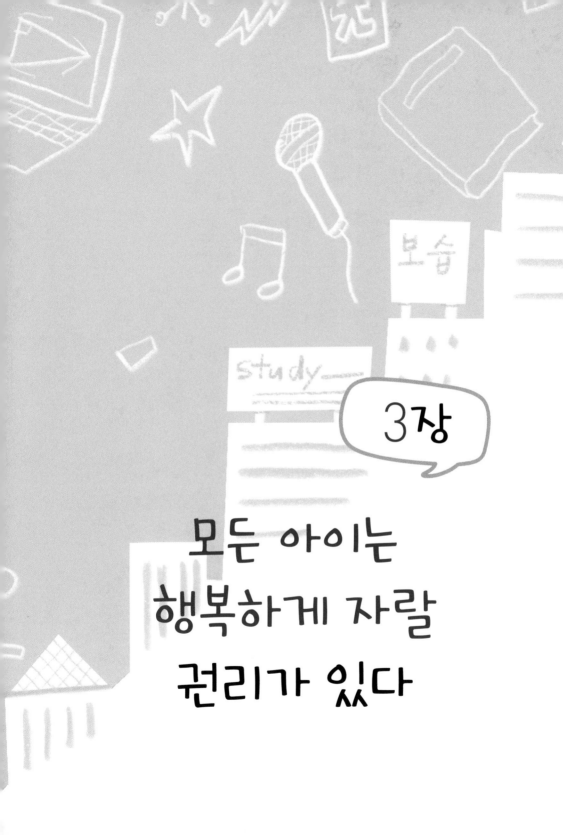

보습

study

3장

모든 아이는
행복하게 자랄
권리가 있다

시작하기 전에는 잘 생각해야 하고,
잘 생각했으면 적시에 실행해야 한다.
· 실루스티우스 ·

엉뚱한 질문을
쏟아내는 아이들

아이들은 종종 엉뚱한 질문을 해서 엄마 아빠를 당황시킨다. 엉뚱한 질문을 하는 것은 발달과정상 당연한 것이고, 아이들의 기본 특성이다. 엄마 아빠가 이런 엉뚱한 질문을 잘 받아주고 아이의 사고가 확장되도록 도와주면 아이의 창의성은 활짝 꽃을 피운다. 반대로 그렇지 못하면 아이의 창의성은 싹을 틔우지 못한 채 시들어버리고 만다.

엉뚱한 질문을 한다는 것은 그만큼 생각이 많다는 뜻이다. 또 자신의 생각을 말로 잘 표현한다는 이야기이다.

잘 듣는 아이로 키우기

아이의 창의성이 꽃피지 않기를 바랄 부모는 없을 것이다. 그렇다면 아이가 끊임없이 엉뚱한 질문을 쏟아내게 하려면 부모는 어떻게 해야 할까? 또, 아이의 엉뚱한 질문에 어떻게 대처해야 할까?

아이가 엉뚱한 질문을 많이 하게 하려면 우선 듣기 훈련이 잘 되어 있어야 한다. 아이들은 오랜 기간 부모의 말을 듣고 생활하다가 그 말을 모방하면서 말을 시작하고, 질문도 한다. 아이가 듣기 훈련이 잘 되어 있어야 말도 잘하고, 나중에 읽고 쓰기도 잘한다.

남의 이야기를 잘 듣는 아이는 말도 잘하고 생각도 창의적이다. 남의 말을 잘 듣는 아이로 키우고 싶다면 엄마 아빠가 아이 눈높이에 맞게 쉬운 말로 이야기해야 한다. 아이와 눈을 바라보며 이야기하고, 아이에게도 엄마 아빠의 눈을 보며 듣게 한다. 또한 이야기를 너무 길지 않고 재미있게 해서 듣기 지루하지 않게 해야 한다. 무엇보다 중요한 것은 엄마 아빠가 아이 말을 잘 들어주는 것이다. 그러면 자연스럽게 아이도 엄마 아빠의 말을 잘 듣게 된다.

듣기 훈련이 잘 되고 나면 그다음은 아이의
생각을 말로 표현하도록 가르쳐야 한다. 목소
리는 적당한 크기로 말하게 해야 한다. 너무 큰소
리로 말하면 듣는 사람에게 싸우는 느낌을 주어 성격이 거친
아이로 인식될 수 있다. 발음은 정확하게 하도록 하고, 부정확한 발음은
아이가 무안해 하지 않을 범위 안에서 고쳐준다. 또한 되도록 올바른 문
장으로 말하게 한다.

듣기 훈련이 잘된 아이가
말도 잘하고, 나중에
읽고 쓰기도 잘한다.

생각을 말로 표현하는 능력 키워주기

생각을 말로 표현하는 능력도 중요한데, 이를 위해서는 다양한 경험을
하게 해주고, 그것을 가족에게 말하게 하는 것이 좋다. 예를 들어, 일요일
에 할머니 댁에 다녀온 것을 말할 때는 그곳에서 했던 일을 순서대로 말
하고, 제일 좋았던 일을 말하고, 왜 좋았는지를 생각해서 말하게 하는 식
이다. 아이가 이야기하는 중간 중간에 엄마 아빠는 맞장구를 쳐주고, 질
문도 해야 한다.

질문에도 요령이 있다. 엄마 아빠는 "고모가 좋아, 할머니가 좋아?", "할
머니 댁에 다음 일요일에도 갈래, 안 갈래?"와 같은 질문을 한다. 똑같은

걸 묻더라도 이제 질문을 바꿔보자.

"고모가 더 좋은 이유는 뭐야?"

"할머니 댁에 왜 또 가고 싶어?"

폐쇄형 질문은 양자택일만 하면 되고, 개방형 질문은 왜 그렇게 생각하는지를 꼭 집어서 말해야 한다. 따라서 개방형 질문은 사고의 폭을 넓히는 좋은 방법이 된다.

정답이 없는 개방형 질문을 잘 활용하면 아이의 생각을 들여다볼 수 있다. 예컨대, 현장학습을 다녀온 아이에게 "현장학습은 재미있었어?"라고 묻지 않고 "현장학습은 어땠어?"라고 물으면 여러 가지 사건과 상황, 느낌을 얘기하게 된다.

"오늘 내가 잠깐 가방을 잃어버렸는데 친구가 찾아줬어요. 그래서 그 아이랑 친해졌어요. 나중에 집에 데리고 올게요."

질문 하나로 아이에게 소중한 친구가 새로 생겼다는 사실을 알 수 있게 되는 것이다.

"아주 대단한 생각을 했구나!"

아이가 생각이 많아지고 호기심이 풍부해져서 엉뚱한 질문을 할 때는

진지하게 대응해야 한다. 감동해주어야 할 때
는 감동해주고, 칭찬해주어야 할 때는 크게 칭
찬해줘야 한다.

> 아이의 생각을 칭찬해주면 스스로 궁리하고 탐색하는 태도를 갖게 된다.

아이가 "엄마, 개나리는 왜 노랗고, 진달래는 왜 분홍색이에
요?"라고 묻거나 "달걀노른자는 왜 노랗고, 흰자는 왜 흰색이에요?"라고
물었다면 어떻게 대응해야 할까?

아이에게 칭찬을 해주고 나서 상호작용을 해주어야 한다.

"우리 아들이 대단한 생각을 했구나! 엄마도 그 이유를 잘 모르겠는데
우리 함께 알아볼까?"

그러면 아이는 금세 신나서 표정이 밝아진다. 엄마가 칭찬해주는 것으
로 봐서 자기 생각이 아주 기발하고 근사한 것이라고 믿고 자신의 생각
을 좋아하게 된다. 그러면 자라는 동안 스스로 뭔가를 궁리하고 탐색하
는 태도를 가지게 된다.

엉뚱한 아들을 큰 인물로 키워낸 어머니

에디슨은 어려서부터 궁금한 것이 많은 아이였다. 그래서 학교 선생님
에게 그만큼 많은 질문을 했다.

"별은 왜 하늘에서 떨어지지 않나요?"

"둘 더하기 둘은 왜 넷인가요?"

선생님은 지나칠 정도로 엉뚱한 질문을 많이 하는 에디슨을 비정상적인 학생이라고 단정했다. 결국 에디슨은 학교에 적응하지 못하고 자퇴하고 말았다.

그러한 에디슨을 세계적인 발명가로 만든 사람은 엄마인 낸시 에디슨이었다. 낸시는 집에서 아들을 가르쳤고, 에디슨의 끊임없는 질문에 진지하게 응해주었다. 또한 궁금한 것들을 실제로 실험해볼 수 있도록 지하실에 실험실을 만들어주었다.

에디슨은 다섯 살 때 불이 타는 과정을 확인하겠다며 불을 피웠다가 창고를 다 태우기도 했다. 다리를 놓겠다고 판자를 걸쳐놓고 그 위를 건너다가 물에 빠져 죽을 뻔하기도 했다. 달걀을 부화시키겠다고 몸에 품고 닭장에 쭈그리고 있었던 일화는 아주 유명하다.

한번은 하늘을 나는 약을 만들었다며 친구에게 먹였다가 큰일 날 뻔한 사건이 벌어졌다. 화가 머리끝까지 난 아버지는 지하실을 폐쇄시켜 버렸다. 이때 낸시는 남편을 설득해 아들이 실험을 계속할 수 있게 했다. 실험을 좋아하는 에디슨이 지하실을 뺏긴다면 목표를 잃어버리고 방황하게 될지 모른다고 생각한 것이다.

낸시는 에디슨의 생각이 꽃피울 수 있도록 가르치는 동시에 자유롭게 실험할 수 있는 집안 분위기도 만들었다. 아들의 엉뚱한 생각 속에 감춰진 보물을 발견하고 발굴해서 큰 인물로 키워낸 훌륭한 어머니라 할 만하다.

아이의 엉뚱한 질문이 끊임없이 이어지더라도 진지하게 대응해야 한다.

이와 같이 부모는 아이에게 지식적인 것뿐만 아니라 경험적이고 체험적인 것까지 적극적으로 뒷받침하면서 응원해주어야 한다. 훌륭한 업적을 남긴 위인들 뒤에는 훌륭한 어머니가 있었음을 기억하자.

인내심도
행복의 조건이다

성공한 많은 사람들이 인생의 성공 요인을 인내심에서 찾는다. 인내심은 자기와의 싸움이라 할 수 있다.

자녀의 인내심을 키워주기 위해 부모는 어떤 노력을 해야 할까? 우선 아이가 갖는 사물에 대한 의문이나 질문에 대답을 잘해줘야 한다. 아이가 가지는 의문에 함께 공감해주고 탐구하는 자세도 보여줘야 한다. 그러면 아이는 자신의 호기심에 의미를 부여하면서 그 호기심을 풀기 위해 노력하면서 인내심을 키우게 된다.

기다릴 줄 아는 인내심 키워주기

> 아이는 욕구좌절과 욕구지연을 겪으면서 인내심을 배운다.

주시경 선생이 17세 때의 일이다. 한문을 공부하던 선생은 우리말로 또 다시 번역해가며 공부해야 하는 번거로움을 겪으면서 말하는 대로 글을 쓰면 더 편한데 왜 말과 글이 서로 달라야 할까에 대해 고민했다. 그러다가 우리말이 한자보다 더 체계적이며 배우기 쉽고 쓰기 좋다는 것을 깨닫고 국어 공부에 전념하기 시작했다. 그가 한글학자로 큰 업적을 이루게 된 것은 말하는 대로 글 쓰는 일에 대한 강한 집념과 노력 덕분이었다.

에디슨도 백열등을 발명할 때 수많은 시행착오를 겪었다. 1237번째 실험 끝에 백열등에 불이 켜졌다. 그는 수많은 실패에 대해 1236가지의 다른 방법을 사용했을 뿐이라고 말했다. 에디슨이 1236번을 실패했다고 생각했다면 백열등은 발명되지 못했을지 모른다.

아이들은 어떤 일을 시도하면서 끊임없이 욕구좌절과 욕구지연을 겪게 된다. 그 과정에서 아이는 불편함과 고통을 느끼지만 기다릴 줄 아는 인내심을 배운다.

우리 옛말에 '칠푼앓이 동자훈'이라는 말이 있다. 부모가 자녀에게 줄 10푼에서 7푼만 주고 3푼은 스스로 하게끔 해야 제대로 자란다는 뜻이다. 3푼을 채우기 위해 힘겨워 하는 아이를 보면서 부모는 가슴앓이를 하게 되지만 이런 과정을 통해 자녀가 성장할 수 있다는 교훈이다.

요즘 부모들은 아이가 갖고 싶어 하는 것을 요구하기도 전에 사주거나, 말이 떨어지기가 무섭게 사다 준다. 이런 육아가 과연 옳은가 생각해볼 필요가 있다.

원하는 것을 당장 해줄 수 있더라도 이렇게 말해보자.

"그 장난감이 갖고 싶구나. 그럼 저녁에 아빠한테 말씀드려서 허락하시면 내일 사자."

별것 아닌 것 같지만 이런 기회를 통해 아이는 기다림을 배운다. 만약 아빠가 "며칠 전에도 장난감 샀잖아. 그건 한 달 후에 사도록 하자"라고 했다면 장난감을 갖고 싶지만 한 달 동안 기다리는 인내를 경험하면서 나중에 좋은 교육으로 기억될 수 있다.

시행착오를 경험할 기회 주기

언젠가 우리나라 엄마들이 가장 못하는 말이 "돈이 없다"라는 조사 결과를 보았다. 우리는 당장 여유가 없는 상황에서도 아이가 해달라는 게 있으면 마치 빚이라도 진 사람처럼 어떻게든 해주려는 경향이 있다. 그렇게 늘 원하는 것을 얻고 부족함 없이 자란 아이들은 욕구지연이나 욕구

좌절의 경험이 없어 오히려 경쟁력 없는 사람
으로 자랄 수도 있다.

늘 부족함 없이 자란 아이들은 경쟁력 없는 사람으로 자라기 쉽다.

실제로 대부분의 재벌 2세들이 1세만큼 출중하
게 기업을 이끌지 못하고 있다. 그 이유는 재벌 2세들에게는 재
벌 1세들이 가졌던 무에서 유를 창조하는 헝그리정신이 없기 때문이다.
결론부터 말하면 부모는 아이에게 사서 고생을 시킬 수 있어야 한다. 가
끔은 냉정하다 싶을 정도로 홀로 서기를 시켜야 경쟁력 있는 아이로 자
라고, 부모에 대한 고마움도 깨닫게 된다.

아이에게 관심을 가지면서도 무관심할 수 있는 지혜를 발휘해보자. 적
당한 거리를 유지하면서 아이 스스로 시행착오를 겪도록 지켜봐주자. 때
때로 힘들어 할 때 격려와 용기를 주고, 실패했을 때는 재도전할 수 있도
록 가르치고 도와주자. 이런 과정을 제대로 겪어야 좋은 열매를 얻을 수
있다. 식물도 싹은 나지만 꽃을 피우지 못하는 경우도 있고, 꽃은 피우지
만 열매를 맺지 못하는 경우도 있다는 것을 기억하자.

자기조절력 키워주기

부모는 아이가 어려서부터 마음속에 자기통제나 내면적 조정이 생기

도록 노력해야 한다. 내면적 조정은 크게 두 가지 경험을 통해 얻어진다. 자연적인 귀결을 경험하면서 조절능력이 생기는 경우와 논리적 귀결을 경험하면서 통제력이 생기는 경우이다.

예컨대, 자연적 귀결은 저녁식사 바로 전에 아이스크림을 먹어 밥을 맛있게 먹지 못하는 경우를 말한다. 방에서 야구공을 가지고 놀지 말라고 했는데 몰래 놀다가 창문을 깨뜨려 손가락을 베였다든지, 눈썰매장에서 장갑을 안 끼고 타다가 손이 얼 뻔했다든지 하는 경험은 누구나 한 번쯤 겪을 수 있는 일이다. 이런 자연적 귀결을 경험하고 나면 자기규제력이 생긴다. 식사 전에는 아이스크림을 먹지 않게 된다든지, 방 안에서는 절대로 야구공을 가지고 놀지 않는다든지, 눈썰매장에서는 빌려서라도 장갑을 꼭 낀다든지 하는 자기조절력이 생기는 것이다. 과거의 경험에서 배운 결과 지혜로워진다는 의미이다.

논리적 귀결은 가족이 함께 약속한 것을 어겼을 때 경험하게 되는 불이익을 통해 아이가 스스로 조정하는 경우를 말한다. 가령, 물건을 사람에게 던지지 않기로 했는데 던졌을 때 일주일간 과자를 못 먹게 하는 경험을 한 뒤에 스스로 통제하려고 하는 경우이다.

내면적인 조정이 생겼을 때 이를 잘 유지하려면 아이가 잘했을 때를 놓치지 말고 칭찬해줘야 한다. 반대로 아이가 불이익을 경험할 때에는 무시하고 넘어가는 게 현명하다.

결론적으로 이런 내면적 조정이 생기려면 아이에게 결정권을 주어 자기 행동에 대한 원인-결과를 경험하게 해야 한다. 아이는 여러 번의 경험을 통해 스스로에게 불이익이 생기지 않는 현명한 선택을 하게 될 것이다.

어려서부터 아이의 마음속에 내면적 조정이 생기도록 노력해야 한다.

산만하고 싶어
산만한 아이는 없다

최근 상담을 하다 보면 아이가 지나치게 산만하다고 걱정하는 부모들이 많다.

"아이가 머리는 좋은데 공부에 집중을 잘 못해요."

"물건을 자주 잃어버리고 와요."

"학교 준비물을 잘 챙겨가지 못해요."

"어딜 가면 조용히 앉아 있지 못하고 정신없이 왔다 갔다 해요."

"수업시간에 자꾸 한눈을 판대요."

보통 산만하다는 것은 주의집중력이 짧은 경우를 말하는데, 아이의 나이나 발달수준에 따라 집중력은 각각 다르게 나타난다. 일반적으로 2세 아이는 2분 정도, 5세 아이는 15분 정도를 집중한다고 알려져 있다.

> 산만한 행동은 애정결핍에서 오는 일종의 정서불안 현상이다.

애정결핍의 문제 들여다보기

산만한 아이가 부쩍 늘고 있는 원인은 다양한데, 우선 부모에게서 충분한 사랑을 받지 못하는 환경이 늘어나고 있는 상황을 꼽을 수 있다. 애정결핍에서 오는 일종의 정서불안 현상인 셈이다.

요즘은 이혼이나 별거로 한 부모 가정이 늘고 있다. 6세 이전에 부모가 이혼을 하거나 별거를 하게 되면 아이는 그 이유를 '내가 자전거를 망가뜨려서', '내가 색연필을 잃어버려서'라고 단정적으로 생각하면서 부정적인 자아개념이 형성된다. 그런 아이들은 점차 애정결핍이나 정서불안 증상으로 산만한 행동을 보이기 시작한다.

어린이집 선생님들이 아이가 과격한 행동을 한다든가, 수업에 집중을 못하고 산만하게 돌아다닐 때 어떻게 해야 할지 모르겠다고 고민을 호소

할 때가 있다. 그 아이들에 대해 좀 더 물어보면 아주 어렸을 때부터 엄마와 떨어져 지냈거나 이혼 또는 별거로 부모와의 애착이 제대로 형성되지 않은 경우가 많다. 대부분 정서가 불안정하고 마음이 허하기 때문에 누군가 자신에게 관심을 주고 그 빈자리를 채워달라는 표현으로 문제행동을 보이는 것이다. 따라서 주의가 산만한 아이일수록 좀 더 따뜻한 관심과 배려를 보여주는 노력이 필요하다.

지나치게 산만한 아이의 또 다른 원인으로 '나는 바쁘다. 고로 나는 존재한다'라고 생각하는 바쁜 부모들을 꼽을 수 있다. 그들은 아이가 산만하다는 사실을 일찍 깨닫지 못하고 방치하기 쉽다. 결과적으로 버릇을 바로잡을 수 있는 시기를 놓쳐 증상이 심각해지기도 한다.

아이에게 무관심한 부모들은 밥이나 간식을 제때 챙겨 먹이지 않는 경우가 많다. 그러면 아이들은 활동에 필요한 에너지원이 부족해서 주의 집중을 못하기도 한다.

아이가 산만해지는 것을 미리 막으려면 부모는 어떤 노력을 해야 할까? 먼저 엄마가 바쁘지 않게 일과를 조정하는 것이 바람직하다. 집안 청소, 빨래, 반찬 만들기로 에너지를 다 소진하고 나서 아이와 놀아줄 힘이 없다는 엄마들이 있다. 참으로 답답하고 안타깝다.

사람을 만드는 일 외에 더 긴급하고 중요한 일이 뭐가 있느냐고 물으면 엄마들은 나보다 말이 더 많아진다. 저녁 준비 말고도 매일매일 해야 하는 일상적인 일들을 하다 보면 아이와 놀아주는 일은 서열에서 밀리고 만다. 이렇게 방치되고 엄마의 집중을 받지 못한 아이들은 결국 애정결핍 증상을 보이게 된다. 대부분의 전문가들은 산만함의 원인을 애정결핍에서 찾는다.

바쁜 부모들은 아이의 산만함을 바로잡을 수 있는 시기를 놓치기 쉽다.

끊임없이 뭔가를 배우는 아이들

아이의 산만함은 부모 욕심에서 비롯되기도 한다. 이 경우가 가장 심각한데, 많은 부모들이 내 아이를 누구보다 뛰어난 아이로 키우고 싶다는 욕심 때문에 너무 이른 나이부터 이 학원 저 학원을 다니게 하고 있다. 여러 개의 학원에 다니는 아이들은 시간만 때우면 된다는 생각으로 뭐든지 대충 하려는 경향이 있다.

아이가 어렸을 때부터 끊임없이 무언가를 가르치려는 부모들이 많다. 하지만 아직 배울 준비가 되지 않은 아이에게 몇 가지를 동시에 가르치는 것은 산만함을 체계적으로 가르치는 결과를 가져올 뿐이다.

한 아이는 생후 6개월부터 영재교육원을 다니기 시작했다. 아이는 플래시카드놀이를 하면서 글자를 익히기 시작했다. 그런데 언젠가부터 플

래시카드만 꺼내면 "싫어, 싫어"를 외치며 도망다녔다. 결국 아이는 소아정신과에서 장기 치료를 받아야 했다. 충분히 놀아야 할 때 부모가 개입하고 통제하는 바람에 극도의 스트레스를 겪으면서 망가져버린 것이다.

많은 영재원에서 카드를 이용하여 이미지트레이닝과 수지도, 기억법을 가르치면서 좌뇌 우뇌를 조화롭게 개발하여 창의 인재를 키운다고 엄마들을 유혹한다. 그런데 결과적으로 영재가 되기는커녕 아이가 스트레스를 받아 병원 치료를 다니는 경우가 많다.

아이들은 엄마의 사랑을 잃게 될까 두려워 이 학원 저 학원으로 끌려다닌다. 그러면서 어디에도 흥미를 느끼지 못하고 무엇이든 적당히 하려는 그릇된 학습 태도만 익히게 된다.

모든 걸 잘하는 아이보다 행복한 아이로 키우기

그렇다면 산만한 아이로 키우지 않으려면 부모는 어떻게 해야 할까? 관찰이 가장 중요하다. 아이들이 놀 때 유심히 지켜보면서 무엇을 잘하는지, 무슨 놀이를 할 때 가장 재미있어 하고 집중을 하는지를 알아두어야 한다.

놀이와 생활 속에서 관찰을 하다 보면 아이의 흥미를 찾을 수 있고, 그

것을 일찌감치 특화시켜주면 무언가에 몰두할 수 있는 힘을 기르게 된다. 특히, 어린 시절 놀이에 집중하는 힘은 학교에 가서 공부에 몰두하는 힘으로 연결된다.

아이가 모든 걸 잘하기를 바라는 것은 부모의 지나친 욕심이다.

또한, 서두르지 않고 기다릴 줄 아는 부모가 자녀를 집중력 있는 아이로 키운다. 남보다 앞선 아이로 키우려는 욕심에 여러 개의 학원을 순회하도록 강요하는 부모들이 많다. 그 결과 아이는 어느 것 하나에도 집중하지 못하고 오히려 공부에 흥미를 잃는다는 것을 기억하자.

한 아이를 낳고, 그 아이가 모든 걸 잘하기를 바라는 것은 부모의 지나친 욕심이다. 세상에는 여러 재능을 골고루 가져 뛰어난 두각을 나타내는 사람보다 그렇지 않은 사람들이 더 많다.

현대사회는 다양한 재능이 인정받는 개성의 시대이다. 무엇이든지 잘하는 멀티지능형 아이는 긴장과 스트레스 속에서 살 수 있고, 한두 가지를 특별히 잘하는 모노지능형 아이는 자신이 잘하는 분야에서 인정받아 성취감을 맛보며 살 수 있다.

세상에서 가장 행복한 사람은 자신이 좋아하는 일을 직업으로 가진 사람이라는 말이 있다. 그렇다면 우리 부모들은 멀티지능형 아이로 키우기 위해 이것저것 가르칠 것이 아니라 자녀가 무엇을 할 때 가장 행복한지를 고민해야 하지 않을까.

사랑받는 아이가 사회성도 높다

아이가 사회성이 떨어지는 것 같다며 상담을 청해오는 부모들이 늘고 있다.

한 엄마는 네 살짜리 아들이 낯가림이 심하고 부끄러움이 많다며 또래들과 잘 어울리지 못해 왕따가 되지 않을까 걱정이라고 하였다. 이 아이는 18개월이 될 때까지 놀이터에도 나가지 않았고 주로 집에서 시간을 보냈다. 한 달 전부터 어린이집에 다니고 있는데 친구들에게 장난감을 양보할 줄 모르고, 다른 집에 놀러 가면 재미없다면서 빨리 집으로 돌아가 자고 조른다고 했다.

또 다른 여섯 살짜리 딸아이의 엄마는 아이

가 너무 소심하고 쉽게 상처를 받아 걱정이라고

하였다. 다른 사람들 앞에 자신 있게 나서지 못하고 엄마한테만

매달린다며 아이의 사회성을 키워줄 방법을 물었다.

자기밖에 모르는 이기적인 아이는 부모의 과잉보호에서 비롯된다.

사회성이 부족한 이유

사회성이란 한마디로 다른 사람과 더불어 잘 지낼 수 있는 능력이다. 사회성이 부족한 아이들을 보면 양보하지 못하고 자기 자신밖에 모르는 '이기적인 아이', 다른 사람 앞에서는 고개도 들지 못하고 집에서 혼자 노는 '소심한 아이', 자신의 감정을 절제하지 못하고 친구를 때리거나 욕하는 '공격적인 아이'로 나뉜다.

먼저 이기적인 아이는 자녀에 대한 사랑이 지나쳐 과잉보호하는 부모로부터 비롯된 경우가 대부분이다. '아이가 잘못되면 어떡하지?' 하는 생각에 해달라는 것을 거절하지 못하고 키운 것이다. 이런 유형의 아이는 어린이집이나 유치원에서 자신이 먼저 잡은 장난감을 친구가 만지면 막무가내로 울어대고 선생님이 자기만 돌봐주기를 원한다. 이런 경우는 부

모가 사회에서 요구하는 기본적인 행동 규칙을 정해 일관성 있게 지키도록 유도하는 것이 중요하다.

집에서 혼자 노는 소심한 아이는 또래들과 어울려 노는 데 다소 시간이 걸린다. 이런 유형의 아이는 기질적인 원인 외에도 부모가 아이를 과잉보호하여 친구들과 어울려 놀 기회를 충분히 가지지 못한 탓도 크다.

한 엄마는 아이가 놀이터에서 노는 모습을 베란다에서 지켜볼 때가 있는데 시간이 조금 지나면 어느새 또래 친구들과 떨어져서 혼자 놀고 있다고 걱정했다. 이런 부모는 대개 1미터 간격으로 아이를 따라다니면서 더럽다거나 위험하다는 이유로 아이의 행동을 통제하는 과잉보호형이 대부분이다. 지나치게 통제와 규제 속에서 자란 아이는 놀이터에서 만난 친구에게도 비슷한 수준의 청결을 요구할 수 있다. 그러면 또래 아이들은 함께 놀기를 거부하면서 자연스레 아이 혼자 남기고 자리를 떠나게 된다. 언뜻 보기에 왕따를 당하는 것처럼 보일 수도 있다.

아이들은 자라면서 이것저것을 탐색하고 또한 그것을 즐기는 특징이 있다. 어른의 기준에서 보면 아이들의 탐색 방법은 모래놀이와 같이 다소 지저분하기도 하고, 장난처럼 보일 때도 있다. 그러나 이러한 과정은 발달과정의 일부로, 지극히 정상적이고 일상적인 일이다.

아이들은 또래 친구들과 어울려 놀면서 엄마가 가르쳐주지 않는 것들을 많이 배운다. 자신도 모르게 상대방을 살피고 속상한 일이 있어도 참

으면서 적절히 타협하기도 하면서 남과 더불어
살아가는 덕목을 배우는 것이다. 눈치 보고 기
다리고 참는 것과 같은 양보의 덕목은 놀이를 통

해서 조율이 가능하다. 부모가 하나하나 말로 가르칠 수 없다는
뜻이다.

공격적인 아이에게 사회성 가르치기

친구를 때리는 공격적인 아이나 맞는 아이도 사회성이 덜 발달되었다
고 할 수 있다. 때리는 아이는 남과 더불어 지내는 데 필요한 참을성이나
배려심이 부족하고, 맞는 아이는 자기주장을 하거나 대처하는 능력이 부
족한 것이다.

때리는 아이는 부모가 문제 상황을 공격적인 방식으로 해결하는 경우
가 많다. 예를 들면, 아이가 늘 밖에서 친구를 때린다면 평소 그 부모가
아이를 때린다고 볼 수 있다. 집에서 그렇게 맞은 아이는 또래관계에서
도 공격적인 방법으로 문제를 해결하려 든다.

부모가 과잉보호하면서 무엇이든 다 들어주고 '네가 최고야' 식으로
양육하는 경우에도 또래들 속에서 마음대로 되지 않을 때 난폭한 행동을

하기도 한다. 따라서 아이가 친구를 때리는 등의 공격적인 행동을 자주 보이면 부모 자신의 양육 태도를 먼저 점검해야 한다.

특히 두 살 무렵은 소유욕이 강해지는 시기여서 자기 장난감을 남에게 빼앗기지 않으려 한다. 간혹 다른 아이의 것까지 빼앗으려는 공격적인 모습을 보이기도 한다. 이럴 때는 자기 것과 남의 것에 대한 개념을 이해시켜야 한다.

"이건 친구 거야. 친구한테 허락을 받아야지."

"친구야, 이 장난감 내가 가지고 놀아도 되니 하고 물어봐야지."

이와 같이 상황을 가르치고, 상대와 협의하는 방법을 가르치는 것이다.

사회성을 기른다는 것은 나 아닌 다른 사람과의 관계를 만들고 유지하는 과정을 배우는 것이다. 혼자 생각하고, 하고 싶은 대로 행동하는 차원을 벗어나 함께 살아가는 법을 배워가야 한다는 말이다.

친구에게 맞는 아이는 대체로 자신감이 없고 주눅이 들어 대처능력이 부족한 경우가 많다. 심리적으로 불안하거나 위축되어 있고 열등감이 심해 또래관계를 맺는 데 어려움을 느끼는 것이다.

또래와 잘 어울리지 못할 때는 아이의 사회성을 키워주기 위해 부모의 노력이 필요하다. 나이가 비슷한 친구 집으로 놀러 가서 자연스럽게 그 집 아이와 놀게 하는 방법이 효과적이다. 이때 잔소리를 하면서 친구와 잘 놀라고 하는 것보다 엄마가 함께 놀면서 어울려 노는 법을 가르쳐

주는 것이 좋다. 그 후에 친구와 서로 배려하며
함께 놀 수 있는 환경을 제공해주면 된다. 집
안팎에서 자유롭게 놀게 하고, 다양한 경험을 통
해 다른 사람들과 어울릴 수 있는 환경을 제공하는 것이다.

친구에게 맞는 아이는
자신감이 없고 대처능력이
부족한 경우가 많다.

원만한 인간관계 가르치기

흔히 외동아이는 버릇이 없고 제멋대로인 데다 자기중심적이며 사회
성이 부족하다고 말한다. 사회적으로도 아이가 혼자 자라면 인성과 사회
성에 문제가 있다는 고정관념이 강하다.

물론 외동아이는 형제끼리 서로 물건을 빼앗거나 나누는 경험이 없고
아이가 원하는 대로 해줘서 응석받이 경향이 있다. 그래서 외동아이의
부모는 아이가 조금만 자기중심적인 행동을 하거나 버릇없는 행동을 보
이면 사회성이 떨어지는 건 아닐까 지레 걱정을 한다.

외동아이의 성격에는 형제가 없는 상황 자체보다 부모의 양육 태도나
가정환경이 더 크게 영향을 끼친다. 부모에게 과잉보호를 받을 경우 자
기중심적이고 비타협적이며 공격적인 성격이 될 수 있지만, 제대로 양육
되면 외동아이의 장점이 빛을 발할 수 있다. 외동아이는 형제가 있는 아

이보다 창의성이나 독립성 등이 뛰어난 경우가 많고, 일찍부터 어른과 상호작용을 자주 해서 지능이 더 발달할 가능성이 높다.

외동아이의 사회성 발달을 위해서는 일찌감치 '동네 놀이친구'를 만들어주는 것이 효과적이다. 가까운 이웃에 사는 또래의 외동아이 3~4명을 묶어 1주일에 서너 차례씩 집을 번갈아 가며 어울리게 하는 것이다. 그러면 별도의 프로그램 없이도 아이들은 스스로 사회성을 익혀나갈 것이다.

미래 사회는 자기만 생각하는 이기적인 아이보다 인간관계가 원만한 아이를 필요로 한다. 얼마만큼의 정보를 소유했는가보다 풍부한 정보를 어떻게 유용하고 가치 있게 남과 더불어 활용할 수 있느냐가 더 중요하다. 따라서 고집이 세고 이기적이며 독선적인 성격의 소유자보다 주변의 사람을 즐겁고 편안하게 하고 누구와도 쉽게 어울려 일할 수 있는 사람이 유능한 사람으로 평가받을 것이다.

미래 사회는 지능이 높은 아이나 논리적인 아이보다 감성적 지능이 높은 아이를 원한다. 그 기본 바탕이 되는 것은 부모와의 관계이다. 엄마와의 관계가 원만한 아이는 다른 사람들과도 좋은 관계를 맺는다. 그리고 엄마와 자주 눈을 맞추고 충분한 사랑을 받은 아이는 기본적인 신뢰감을 경험하면서 사회성 있는 아이로 커가게 된다. 공부 잘하고 능력 있는 아이로 자라기를 원한다면 그 선수과정에서 아이의 정서와 사회성을 길러주어야 한다. 즉 정서와 사회성이 탄탄할 때 그것들이 가능해진다. 더 분명하게 말하자면 정서와 사회성이 좋은 아이들 중에 상위 몇 퍼센트 정도만 학업성취도가 높다. 그러므로 아이의 성적을 신경 쓴다면 더욱이 정서와 사회성이 망가지지 않도록 노력해야 할 것이다.

어려서 충분히 사랑받은 아이는 다른 사람들과도 좋은 관계를 맺는다.

실컷 노는 게
더 중요하다

모든 부모는 내 아이가 당당하고 똑똑하기를 바란다. 그래서 또래보다 발달이 늦거나 뒤처지면 불안하고 조바심이 난다. 부모의 그런 기대와 불안감은 조기교육 혹은 선행학습 열풍이라는 결과로 이어진다. 원어민 영어교육 프로그램이나 한문교육 프로그램을 갖춘 어린이집을 선호하고, '영재는 태어나는 것이 아니라 만들어진다'는 말을 믿으며 너도나도 영재학원으로 눈을 돌리는 것이다.

조기 과잉교육이란 3세 이전의 유아에게 무조건 가르치려 하거나, 3~6

세의 유아에게 갖가지 학습을 강요하는 것을 가리킨다. 조기교육의 문제는 아이의 의사나 적성, 발달단계를 전혀 고려하지 않고 성급하게 이루어진다는 데 있다. 발달단계를 고려하지 않은 채 온갖 학원으로 보내는 것은 아이를 방임하여 양육을 소홀히 하는 것만큼이나 문제행동을 불러올 수 있다.

> 조기 과잉교육은 양육을 소홀히 하는 것만큼 문제행동을 불러온다.

조기교육을 시키는 이유

상담 현장에서 나는 실제로 안타까운 사연을 많이 듣는다.

상담실을 찾아온 엄마와 딸아이는 아이가 초등학교 1학년인데, 17곳의 학원을 다닌다고 했다. 아이의 눈동자는 불안하게 흔들리고 있었고, 잠시도 가만히 앉아 있지 못했다. 아이가 좋아하는 것이 무엇인지 물었더니 엄마는 방송 댄스라고 대답했다. 그래서 아이가 영어, 한자, 글쓰기, 책읽기, 컴퓨터 외에도 여러 악기와 운동을 배우고 있는데, 이것들을 시키기 위해 보상으로 방송 댄스를 하게 해준다고 했다.

안쓰러운 마음에 걱정 섞인 말을 건넸더니 엄마는 딸아이가 이 모든 것을 즐긴다고 대답했다. 나는 정말 깜짝 놀랐다. 공부를 무척 잘한다고 말하는 엄마의 표정에는 자랑스러움이 내비쳤고, 보람과 기쁨도 읽을 수 있었다. 하지만 나는 저 아이는 정말 행복할까 하는 의문이 생겼다.

얼마 전 5세 아이가 8개 국어를 한다는 뉴스를 본 적이 있다. 아이가 8개 국어를 해서 진정 행복한지 묻고 싶다. 전문가들은 이런 아이들이 4학년 이후부터 국어가 어렵게 느껴지면서 전반적으로 학습동기가 떨어진다고 조심스레 지적한다.

교육부에서 학부모를 대상으로 '조기교육을 시키는 이유'에 대해 설문 조사한 내용을 보면 자녀의 지능 개발, 초등학교 준비, 자녀의 요구와 소질 개발, 남들도 다 시키니까 불안해서의 순으로 나타났다. 결과에서 알 수 있듯이 아이의 적성이나 소질보다 지능 개발 또는 학습 준비를 위해 조기교육을 하고 있다고 봐야 한다.

조기교육으로 불거지는 문제들

그렇다면 취학 전 조기교육은 학교에 들어가서 어떤 효과를 보일까?

초등학교 교사들에 따르면, 이것저것 학습 경험을 해본 아이들은 교과를 미리 배웠기 때문에 수업에 흥미를 느끼지 못한다고 한다. 당연한 결과이다. 이미 알고 있는 학습 내용에 호기심과 흥미를 느끼기란 쉽지 않

다. 그래서 지루해 하고 산만한 태도를 보이는
데 나중에는 그것을 고치기가 힘들다.

아이는 누군가에 의해 만들어지는 것이 아니
라 스스로 성장한다. 주변 분위기에 휩쓸려 무조건 공부를 강요
한다면 아이는 스트레스와 부담감으로 공부를 더 기피하고 자신감을 잃
는다. 심지어 왜 공부를 해야 하는지 알려고 하지도 않는다. 결국 부모가
기대하는 효과를 보지 못하고, 자칫 정서적 불안이 문제행동으로 이어질
수 있다.

얼마 전에 전화 상담을 받은 내용이다. 초등학교 때 전교 1등만 했다는
딸아이 때문에 고민이라는 엄마였다. 아이가 중학교에 입학하더니 "이제
학교 공부는 더 이상 할 수 없어요. 제가 요리 공부를 하게 해주세요"라
고 간절하게 부탁했다는 것이다. 어쩌면 그 아이는 공부가 좋아서 이제
껏 전교 1등을 했다기보다 어떤 압력으로 했다고 볼 수 있다. 그런데 중
학교에 올라와보니 그 노력을 계속할 가치가 없고, 더 이상 하고 싶지도
않다고 아이가 결론을 내린 것이다. 상담하는 내내 나 역시 참으로 답답
했던 기억이 난다.

실제로 소아정신과를 찾아오는 아이들 가운데 영어 조기교육이 직·간
접적인 원인으로 작용한 사례가 급증하고 있다는 연구보고가 있다. 이것
은 7세 이전에 언어습득 능력이 결정된다는 학설에 현혹된 부모들이 서

둘러 영어교육을 시킨 결과라고 할 수 있다.

올해 여덟 살이 된 한 남자아이는 소아정신과에서 발달장애 치료를 받고 있다. 이 아이 역시 조기 영어교육이 그 원인으로 밝혀졌다. 아이는 만 4세가 되기 전에 영어 비디오로 영어를 배우기 시작했는데, 처음에는 책도 곧잘 읽고 진도를 잘 따라왔다고 한다. 그런데 시간이 흐르면서 사람들과 눈을 제대로 맞추지 못하고, 이해력이나 언어표현 능력이 떨어지는 현상을 보이면서 의사소통에 어려움을 겪게 되었다. 우리나라 말과 영어를 섞어가며 말을 하면서 의사소통에 어려움이 생기자 결국 소아정신과를 찾은 것이다.

두뇌 발달과정에 맞춰 가르치기

물론 아이가 어려서 무엇을 잘하는지 모를 때는 여러 가지를 가르쳐볼 수 있다. 그러나 어떤 특정 자극이나 학습을 거부하거나 재미없어 하는데 억지로 시키면 아이는 심각한 스트레스를 받게 된다. 스트레스가 반복되면 뇌세포에 과부하가 걸려 손상을 가져오고, 결국 뇌신경 전달에 문제가 발생해 오히려 공부를 더 못하게 될 수 있다고 전문가들은 지적한다.

인간의 뇌는 전두엽과 후두엽, 측두엽 등으로 이루어져 있다. 이러한

뇌 부위는 동시에 발달하지 않고 나이에 따라
뇌의 앞부분인 전두엽에서 측두엽을 거쳐 후두
엽 순으로 서서히 발달한다. 3~6세의 아이들은
전두엽이 활발하게 성장하고, 7~11세 사이에는 측두엽이, 15세
이후에는 후두엽이 왕성하게 성장한다. 각각의 발달과정에 적합한 정보
를 주는 것이 중요한데, 그것을 무시하고 미리 과도한 정보를 주면 정상
적으로 성장해야 할 뇌세포들이 손상될 수 있다.

과도한 학습으로
아이의 뇌세포가 망가지면
정상으로 되돌리기 힘들다.

특히, 언어학습 능력을 좌우하는 측두엽은 6세 이후부터 12~13세까
지 활발하게 성장한다. 6세 이전에 과도한 정보를 주입하면 해마세포가
과부하로 잘려나가고 만다. 망가진 해마세포는 외부에서 들어오는 지식
을 제대로 저장하지도, 전달하지도 못해 기억력장애나 과잉학습장애증
후군 등의 증세를 보이게 된다. 이렇게 망가진 뇌신경세포는 정상으로
되돌릴 수 없으므로 발달단계에 맞는 적절한 정보를 주는 것이 무엇보
다 중요하다.

서둘러 조기교육이나 선행학습을 시키면 오히려 회로가 망가진 아이,
뒤처지는 아이를 만들 수 있다. 그러므로 아이의 두뇌 발달과정에 맞는
적절한 눈높이 교육을 시켜야 한다. 일반적으로 만 6세까지는 종합적인
사고능력을 맡고 있는 전두엽이 활발하게 발달하는데, 이는 주변과 적
절하게 상호교류하면서 이루어진다. 따라서 만 6세까지의 아이들은 놀

이와 경험, 주변을 탐색하는 과정을 통해 종합적인 사고력을 키워주는 것이 좋다.

아이를 실컷 놀게 하기

만 6세까지는 마음껏 뛰어놀면서 놀이를 통해 집중력을 키우고, 엄마 아빠와 충분히 상호작용하면서 상대방의 표정을 읽고 이해하는 능력을 키우는 것이 아이의 과제이다. 이때 부모는 적절한 자극이 될 수 있는 반응만 해주면 된다.

만 2세 전에 두뇌 발달이 완성된다고 믿고 조기 영어교육에 열을 올리는 부모들이 많다. 그런데 미국 UCLA 신경과학연구센터의 발표에 따르면 인간의 뇌조직은 15세까지 활발히 성장한다. 그중에서도 언어인지 능력은 만 6세 이후 측두엽이 담당하기 때문에 현행 초등교육 3학년에 영어교육을 시키는 것이 적시 교육이다. 그 시기부터 영어교육을 시켜도 결코 늦지 않다는 말이다.

나 역시 두 아들을 키우는 동안 '아이들을 실컷 놀게 하라'는 유아교육 이론을 충실히 따르려고 노력했다. 그래서인지 큰아이가 초등학교 1학년 때 받아쓰기 수준이 뒤에서 5번째라며 담임 선생님의 걱정을 듣기도 했

다. 다른 아이들에 비해 뒤처지지 않을지 염려

가 된 것은 사실이지만, 이후에 학교 수업에 적

응해가는 아이를 보면서 내 믿음이 옳다는 걸 확

인할 수 있었다.

선행학습을 받은 아이들은 교실에서 딴청을 부리고 산만한 태도를 키운다.

선행학습으로 수업할 내용을 다 알고 교실에 앉아 있는 아이들은 쉽게 딴청 부리고 산만해지지만 우리 아이는 모든 것이 새롭고 낯설었기 때문에 수업시간에 집중하지 않을 수 없었다. 지금도 나는 받아쓰기에서 백 점 받는 아이보다 수업시간에 집중하는 아이로 기르는 것이 더 중요하다고 생각한다.

유아교육 학자들은 흔히 육아를 화초 키우기에 비유한다. 꽃을 빨리 보겠다고 화분에 물과 비료를 충분히 주어도 때가 되지 않으면 꽃을 피우지 않듯, 아이들 역시 나름의 발달단계를 거쳐야 온전하게 성장한다. 그러므로 빨리 꽃을 피우려 하지 말고 아이가 얼마나 건강하고 아름다운 꽃으로 자라는가에 중점을 두고, 발달과정에 따라 적절히 물과 비료를 조절해주는 지혜가 필요하다.

아이에게 차별화된
경험을 선물하라

21세기는 '창의성의 시대'라고 한다. 창의성이란 평범한 것을 새로운 각도로 바라보고, 일상에서 새로운 의미를 찾아내는 능력이다. 지금은 정보와 지식을 얼마나 갖고 있느냐보다 그것을 찾아내어 어떻게 활용하느냐가 더 중요하게 부각되는 시대이다. 이러한 시대적 요구를 반영하여 상상력과 창의성으로 무장한 '골드 칼라'가 지식정보사회를 주도하는 전문가로 각광받고 있다.

미국 유아교육의 동향을 살펴보면 '자연주의'와 '창의성', '인성'을 키워

드로 내세우고 있다. 유치원이나 학교 같은 울타리에서 벗어나 공원이나 놀이터 등에서 친구들과 마음껏 뛰어놀며 타인과 상호작용하면서 자기를 표현하고, 상대방의 기분과 상황을 적절히 파악하는 적극적이며 창의적인 인성 개발을 교육목표로 삼고 있는 것이다. 그래서 여행을 진정한 교육으로 생각하며 어려서는 부모와 함께, 청소년기에는 캠프를 통해, 더 자라서는 보호자를 동반하지 않고 친구와 배낭여행을 가도록 권하고 있다. 여행을 통해 세상을 좀 더 넓은 시각으로 바라보고 성숙할 기회를 갖도록 하는 것이다.

이에 반해 우리의 교육 현실은 값비싼 교재와 교구, 각종 학습지와 영재교육원이 넘쳐나고 있다. 그 결과 지나치게 산만해서 공부에 집중하지 못하고 상대방과 눈도 마주치지 못하는 심각한 대인기피 증세까지 생겨 소아정신과를 찾아다니고 놀이치료를 받고 있는 아이들이 늘어가는 실정이다.

정답 찾기 교육의 한계

혹자는 우리나라의 교육 문화를 학습지 문화라고 꼬집기도 했다. 여기서 학습지는 정답 찾기 선수를 만들어내는 기계라고 할 수 있다.

기존의 지식을 종합하여 정답을 찾아내는 과정에서는 수렴적 사고가 발달한다. 점수지상주의인 우리의 교육 현실은 수렴적 사고력을 중시한다. 반면 확산적 사고력은 자신이 문제를 설정해서 풀어나가고 창의력을 발휘하는 능력이다. 미국을 비롯한 외국 대학에서는 학생을 선발할 때 이런 능력을 중시한다. 그래서 학교 공부 외에 어떤 분야에서 봉사했는지, 어떤 운동을 잘하는지, 공부 외에 어떤 일에 관심을 가졌는지, 그런 일에 왜 관심을 갖게 되었는지, 어디를 여행했는지 등 여러 분야에서 총체적으로 학생을 탐색한다.

하지만 우리의 교육 현실은 누가 더 많은 정답을 찾아내는가에 따라 줄을 세워 상위권에 있는 학생을 능력 있고 우수한 인재라고 평가하고 있다. 결국 부모들은 아이들이 어릴 때부터 보습학원에 보내고 학습지를 풀게 해서 정답을 찾아내는 능력을 개발시킨다. 아이들은 확산적 사고보다 수렴적 사고에 익숙해질 수밖에 없다.

"아이마다 생각이 다르고 접근하는 방식이 다른 게 당연하잖아요. 그런데 채점을 하다 보면 문제의 답이 똑같아요. 결과를 도출해내는 풀이과정까지 똑같다니까요."

교육 현장에서 아이들을 가르치고 있는 선생님으로부터 들은 말이다. 이는 똑같은 학원에서 똑같은 풀이과정으로 정답을 찾아내는 연습을 해

왔기 때문이 아닐까? 한편 어떤 교사들은 창의
력이 높은 학생을 탐탁지 않게 생각하면서 문
제 학생으로 몰아세우기도 한다. 창의적인 학생은
교사가 무엇을 요구하는지를 알면서도 그대로 따르지 않고, 여
러 방면에 흥미와 관심이 있어 교사의 통제에서 벗어나려는 경향이 높기
때문이다. 게다가 매우 독립적이고 자율적이어서 어떤 집단 속에서 통솔
하기가 어렵고, 자기 판단과 자기 방식대로 추진하려는 동기가 강해 교
사들이 어떤 방향으로 이끌어가려고 하면 거부 반응을 보이기 때문이다.

> 창의적인 아이로 키우기
> 위해서는 주변 환경과
> 부모의 역할이 중요하다.

아이들은 경험을 통해 배운다

하지만 미래 세대는 창의성 없이는 성공하기 힘들다. 창의성은 어린
시절 가정과 주변 환경이 절대적인 영향을 미친다. 특히 부모의 역할이
무엇보다 중요하다.

창의성을 키우기 위해서는 우선 아이가 질문을 했을 때 적당히 넘기지
말고 성실히 대답해주는 자세가 필요하다.

"하늘은 왜 파란색이에요?"라고 물으면 부모는 성심성의껏 대답해주
고, 잘 모를 때는 아이와 함께 생각해보자거나 책이나 인터넷을 통해 알

아보는 노력을 해야 한다. 이럴 때 적당히 넘어가면 아이는 더 이상 질문을 하지 않게 되고, 결국 궁금한 것도 없어진다. 따라서 지속적으로 아이의 호기심을 자극하는 환경을 마련해주어야 한다.

또한, 사소하더라도 평범하지 않은 생각을 했다면 "어떻게 그런 생각을 했니? 대단한데!"라고 칭찬해줘서 자신감을 불어넣어줘야 한다. 어떤 문제가 생겼을 때는 바로 해답을 가르쳐주지 말고 아이 스스로 해결방법을 찾아내도록 기다려주고 도와주는 게 좋다.

무엇보다 중요한 것은 아이가 풍부한 경험을 할 수 있도록 부모가 이끌어주는 것이다. 창의성을 키우기 위해서는 오감을 통한 교육이 필요하다. 일상생활에서 즐겁게 놀면서 직접 보고 듣고 냄새 맡고 만지고 맛보는 등의 자극이 지속적으로 이루어지면 아이들의 두뇌 발달이 촉진된다.

확산적 사고를 훈련하기 위해서는 산이나 들로 나가서 이것저것 들추어내는 감각 활동을 통해 스스로 탐색하는 기회를 갖는 것이 중요하다. 미국의 철학자 듀이는 "아이들은 경험을 통해 배운다"라고 하였다. 학원을 다니거나 학습지를 풀면서 배우는 지식도 필요하지만 아이의 기억에 오래 남을 수 있는 효과적인 교육법은 부모와 함께 많은 경험을 쌓는 것이다.

주중에 시간을 내기 어렵다면 주말을 활용해보자. 국립중앙박물관에 가서 고려청자, 이조백자를 순식간에 둘러보고 이벤트 용지에 스탬프만

찍고 다닐 게 아니라 아이와 의미 있는 시간을
만들어야 한다. 박물관 전체를 다 보고 가겠다
고 뛰어다닐 게 아니라 오늘은 삼국시대와 고려
시대 전시실만 보자고 해서 좀 더 자세히 살펴보는 것이다.
그러다 어려운 용어가 눈에 띄면 아이 눈높이에 맞게 풀어서 설명해주
고, 큰아이가 알고 있는 것이라면 작은아이에게 설명해주라고 해도 좋다.
큰아이를 칭찬할 좋은 기회가 될 수 있다.

확산적 사고를 키우기
위해서는 감각 활동을 통해
탐색하는 기회가 필요하다.

아이에게 참된 경험시키기

또 다른 예로, 아이들과 동물원에 간다고 하자. 이른 아침부터 김밥을
싸서 출발해 입구에서부터 바쁘게 동물들을 구경한다. 동물 우리 앞에서
사진을 찍고 도시락을 먹고 나서 후다닥 구경을 마친다. 그리고 차가 밀
리기 전에 나가야 한다면서 서둘러 동물원을 빠져나온다.

집에 돌아와서 동물원에서 본 동물을 그려보라고 하면 아이는 한참을
고민한다. 쫓기듯이 구경하고 온 터라 아이의 머릿속에 남아 있는 잔상
이 없기 때문이다.

그렇다면 동물원에 갈 때도 방법을 달리해보자. 아이에게 동물원에 가

서 가장 보고 싶은 동물이 뭔지를 묻는다. 만약 코끼리와 기린을 보고 싶어 했다면 정신없이 이곳저곳 기웃거리지 말고 코끼리 우리를 찾아가면 된다. 그곳에서 코끼리의 움직임을 관찰한다. 코끼리의 다리와 코도 자세히 살펴보고, 코끼리 귀에 파리가 앉으면 어떻게 하는지도 가만히 지켜보는 것이다. 그렇게 여유를 부리면서 코끼리 옆에 있으면 비스킷을 던져주었을 때 커다란 코를 돌돌 말아 입으로 넣는 장면도 볼 수 있다. 이렇게 시간을 보내고 나면 아이의 머릿속에 코끼리의 생김새와 움직임이 기억될 수밖에 없다.

한 아이에게 동물원에서 본 코끼리를 그려보라고 했더니 기다란 코를 여러 가지 색깔로 칠했다. 코끼리 코가 돌돌 구부려졌다 펴지는 모습을 여러 가지 색으로 표현한 것이다. 이렇게 표현할 수 있는 것은 단순히 책만 본 것이 아니라 직접 관찰하여 차별화된 정보를 얻었기 때문이다. 아이들의 뇌는 책을 통해 알게 된 지식보다 체험과 경험을 통해 알게 된 지식을 더 오래 저장한다. 유아기의 어떤 경험과 체험이 참된 경험과 체험이 될 것인지를 곰곰이 생각해보기 바란다. 그리고 일상생활에서 그 기회들을 찾아내어 아이와 함께 실천해보자.

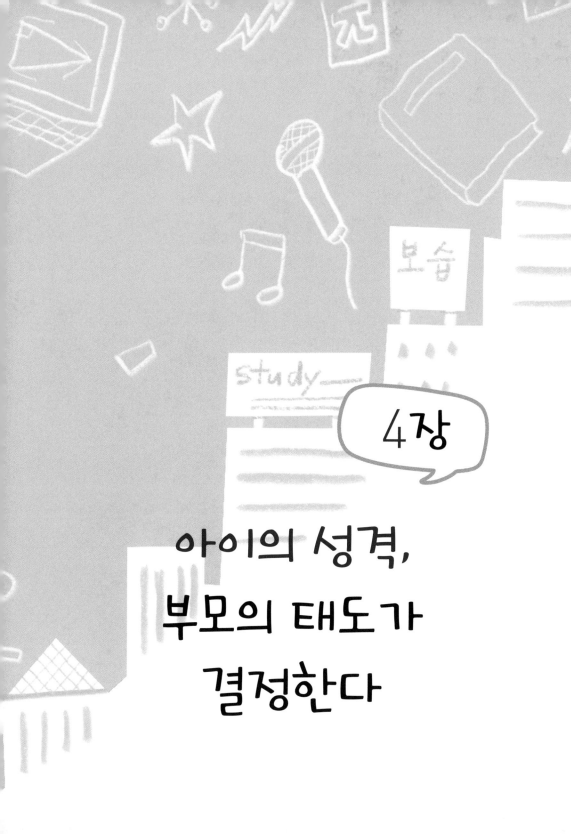

4장

아이의 성격,
부모의 태도가
결정한다

시도해보기 전까지는
무엇을 할 수 있는지 모르는 법이다.
· 푸블릴리우스 시루스 ·

자주 안아주고
칭찬해주기

성격이란 개인이 가지고 있는 특유의 품성이다. 부모들은 자녀가 성격 좋은 아이로 자라기를 바란다. '성격이 곧 운명'이라는 셰익스피어의 말처럼 성격이 아이의 장래와 운명을 좌우한다고 믿기 때문이다. 여기서 '성격이 좋다'는 말은 자신의 감정을 적절히 통제하고 상대방의 입장을 충분히 배려해서 원만한 대인관계를 형성해나가며, 어려운 상황이 닥쳐도 좌절하지 않고 목표를 향해 온 힘을 다하는 적극적인 성격을 말한다.

상담을 청해오는 부모 중에는 아이의 성격 때문에 고민하는 경우가 많다. 쉽게 흥분하고 신경질적인 행동을 자주 보여서 친구들과 사이좋게 어울리지 못한다거나 자신의 감정을 통제하지 못하고 주위 사람의 감정을 배려하지 않는다고 하소연한다.

성격은 아이마다 타고난 기질도 중요하지만, 무엇보다 양육자의 성격과 양육 태도가 결정적인 영향을 미친다. 부모가 아이의 마음을 헤아려주고 요구에 민감하게 반응하면서 일관성 있게 양육하면 만족감이 높아지면서 편안한 성격을 형성한다. 또한, 칭찬과 격려를 적절히 해주면 아이는 자신감이 넘치면서 자기 일을 적극적으로 찾아서 하고, 공부도 스스로 알아서 하게 된다.

프로이트와 성격 형성

프로이트는 인간의 성격이 5단계의 발달과정을 거치는데, 이 가운데 6세까지의 생활이 성격 형성에서 결정적인 시기라고 하였다. 0~6세 사이에 부모와 적절하게 상호작용을 하지 못하면 아이가 성장해서 성격이 고착되고, 이 성격은 생애 전 단계에 걸쳐 영속적으로 영향을 미친다.

출생에서부터 1세 반까지를 '구강기'라 하는데, 이 시기의 본능적 욕구는 입으로 빨기이다. 아이는 엄마의 젖을 빨면서 만족과 쾌감을 얻는데, 구강을 통해 얻는 만족이 적절치 못하면 자라서 손가락을 빨거나 과음이나 과식을 하고, 논쟁이나 야유를 즐기는 사람이 된다.

양육자의 성격과 양육 태도는 아이의 성격에 영향을 미친다.

'항문기'라고 하는 1세 반에서 3세의 시기는 주된 욕구가 배변이다. 이 시기의 아이들은 주로 배설을 통해 자신의 신체 근육, 즉 괄약근을 통제하고 조정하는 것에 쾌감을 느낀다. 이러한 욕구가 적절히 충족되면 별 문제가 없지만, 배변 훈련을 너무 성급하게 혹은 억압적으로 시키면 부작용으로 지나치게 깨끗한 것을 추구하는 결벽증이 나타날 수 있다. 또, 지나치게 아끼고 쓰지 않는 인색함을 보이기도 하고, 도벽이나 폭력적인 행동이 나타나기도 한다.

3~6세의 시기는 '남근기'라고 하는데, 아이들이 이성 부모에 대한 애착으로 성(性) 역할을 배우게 된다. 아이들은 이전까지는 성 정체감이 없다가 이 시기를 거쳐 6세 이후에는 남자로 혹은 여자로 살아야 한다는 성 정체감이 형성된다. 이 시기에 욕구가 적절히 충족되지 못하면 고착된 성격이 나타난다. 예를 들어, 남장을 하고 다니면서 결혼을 하지 않는 여자는 남근 선망이 고착된 사례라고 볼 수 있다.

에릭슨과 인성의 발달과정

인간의 심리를 사회학적으로 분석한 에릭슨은 인성의 발달과정을 8단계로 나누고, 단계마다 요구되는 발달과업을 양극 개념으로 설명하였다. 다시 말하면 아이가 단계마다 요구되는 발달과업을 순조롭게 받아들이면 긍정적인 성격을 형성하게 되고, 그렇지 못하면 부정적인 성격이 나타난다는 것이다. 따라서 부모는 아이들이 각 단계마다 필요한 발달과업을 적절히 수행할 수 있도록 일관성 있게 보살펴야 한다고 강조했다.

세상에 태어난 아이는 처음 접하는 환경을 신뢰할 것인가 불신할 것인가 하는 양극 과제를 풀어야 한다. 이 시기에 엄마가 일관성 있게 보살피면 엄마라는 사실을 인지하지는 못하지만 진심으로 좋아하고 따르게 되면서 그 사람이 해주는 모든 것을 믿게 되고, 그 믿음은 다시 세상을 신뢰하게 만들어 다음 단계로 순조롭게 이행하게 만든다.

아이가 1세가 되면 이러한 신뢰를 바탕으로 자율과 수치라는 양극 과제에 놓이게 된다. 무엇이든 혼자서 해내려는 자아와 자율성이 생기는데, 이를 방해하거나 누군가 곁에서 다 해주면 자율성을 빼앗기면서 스스로 수치감을 느낀다. 그래서 이 시기부터 부모의 역할이 어려워진다. 모든 걸 다 해줄 수도 없고, 그렇다고 아이가 하고 싶은 대로 다 하게 가만히 지켜볼 수도 없기 때문이다. 이 시기의 부모는 아이에게 힘든 과제는 적절히 도와주면서 스스로 해나가도록 지켜보고, 성취감을 얻어서 수치감이나 자기회의감을 느끼지 않도록 해야 한다.

> 아이가 혼자 해내려는데 자꾸 옆에서 다 해주면 수치심을 느낀다.

3세 이후의 아이는 또래들과 무슨 일인가를 주도하기를 좋아하고, 주도성과 죄책감이라는 양극 과제에 놓이게 된다. 이 시기의 부모는 아이의 친구관계에 주의를 기울여야 한다. 친구들과 잘 어울려서 뭔가를 궁리하고 풀어나가면 주도적인 성격이 생기지만, 반대로 말썽을 부린다고 야단치거나 하고자 하는 행동을 막으면 죄책감을 갖게 된다.

스킨십과 칭찬의 힘

정신분석학자 에릭 번은 어릴 적 부모와의 스킨십 정도와 신체적·언어적 자극을 통한 부모와의 상호교류에 의해 아이의 성격이 달라진다고 주장했다. 그는 어린아이들은 늘 부모에게 더 많은 자극을 원하고 자극에 배고파한다면서 '자극 허기'를 채워주라고 하였다. 그리고 아이를 자주 안아주고 쓰다듬어 주는 등 충분한 스킨십을 해서 자극 허기를 채워주면 정서적으로 건강해지고 긍정적인 성격이 형성된다고 보았다. 또한, 아이들이 자라면 자극 허기가 '인정 허기'로 바뀌어 다른 사람으로부터 칭찬이나 인정을 받아 인정 허기를 채우려 한다고 하였다.

아이를 자주 안아주고 입맞춤도 해주고 목욕이나 산책도 함께하면 자극 허기가 채워진다. 그렇게 긍정적인 스킨십을 많이 받고 자란 아이들은 정신적으로 건강하다. 반면 자극 허기가 충분히 채워지지 않은 아이들은 정서적으로 불안하고 열등감을 갖게 되며 원만한 대인관계를 이루기 힘들다. 따라서 적어도 생후 3년 동안은 엄마가 아이와 함께 지내면서 충분한 스킨십을 통해 자극 허기를 채워주어야 한다.

아이가 좀 더 자라 자극 허기가 인정 허기로 바뀌면 안아주고 쓰다듬어 주는 신체적 자극에서 인정해주는 말과 칭찬 같은 언어적 자극으로 욕구기제가 변한다. 이 시기에는 "정말 대단하구나", "엄마는 네가 자랑스럽구나", "널 보고 있으면 가슴이 뿌듯하단다"와 같은 말로 인정해주고 칭찬해주면 자신감이 넘치고 긍정적인 성격으로 자란다.

성장하는 아이에게는 칭찬이 아주 중요한데, 주위에 있는 부모들을 보면 지적하고 야단치는 것은 꼬박꼬박 하면서 칭찬에는 인색하다. '칭찬은 귀로 먹는 보약'이라는 말이 있듯이 칭찬을 많이 받고 자란 아이는 표정이 밝고 자신감에 차 있으며 자기 일을 스스로 알아서 잘한다. 그러나 야단만 맞고 자란 아이는 항상 주눅이 들어 있고 매사에 수동적으로 움직인다.

간혹 부모에게 칭찬을 받기 위해 어떤 행동을 하는 아이들이 있다. 이런 경우는 오히려 자율성을 해친다. 어린 시절에는 좋은 습관이 형성되도록 칭찬을 자주 해줘야 하지만, 시간이 흐르면 누군가에게 칭찬받기 위해서가 아니라 자기 자신을 위해 자율적으로 행동할 수 있도록 지도해야 한다. 아이가 어려운 상황에 부딪쳤을 때 격려와 용기를 불어넣어 주는 것은 적극적인 성격 형성에 도움이 된다.

> 칭찬을 많이 받으면 자신감이 넘치고 긍정적인 성격으로 자란다.

자기 자신을 칭찬해주는 아이로 키우기

미국 유학 시절, 나처럼 아들 둘을 키우면서 심리학 공부를 하는 남미 출신의 엄마가 같은 층에 살았다. 그 집에 놀러 가면 가장 많이 듣는 말이 '굿 보이!'라는 말이었다. 입에 달고 산다고 할 정도로 아이들을 향해 "굿 보이!"라고 늘 칭찬했다.

그 이유를 물었더니 언젠가 큰아이와 있었던 이야기를 해주었다. 하나하나 챙겨서 말하지 않아도 스스로 알아서 잘하기에 칭찬을 덜하게 되었는데, 어느 날 큰아이가 심각한 표정으로 말했다는 것이다.

"엄마! 나는 더 이상 굿 보이가 아닌가요? 왜 요즘에는 굿 보이라고 말해주지 않아요?"

그때 잠시 당황했지만 그 엄마는 이렇게 대답해주었다고 한다.

"굿 보이 소리를 듣지 않고도 잘하는 네가 자랑스럽지 않니? 이젠 너 스스로 엄지 척하며 굿 보이라고 해. 누군가가 너에게 굿 보이라고 하지 않아도 스스로 하는 네가 더 멋진 거란다."

그 말을 들은 큰아이의 표정이 달라졌다고 한다. 그때 큰아이가 4학년이었다고 했다. 어려서부터 4학년 정도까지는 습관 형성을 위해 '굿 보이!'를 열심히 하다가 그 뒤부터는 자신을 향해 엄지 척을 하도록 유도했다는 내용이었다.

아이가 계속해서 칭찬을 들어야 한다고 생각하면 칭찬받기 위한 행동을 하게 되어 타율적으로 자라게 된다. 어려서는 굿 보이라는 소리를 듣기 위해서 행동하지만, 어느 정도 성장한 후에는 자기 자신에게 해주는 칭찬도 좋은 방법이다.

칭찬이 행위 사실에 입각해야 한다면 격려는 행위자에 초점을 맞추어야 한다. 가령, 기저귀도 떼지 못한 아이가 침대 끝을 붙잡고 간신히 몇 걸음 걷는 걸 보고 이렇게 격려했다고 치자.

"어머, 우리 아기가 잘 걷네. 이제 금세 뛰겠구나."

이런 격려는 아이에게 심리적인 부담을 줄 뿐이다. 아이가 가진 능력을 무시한 채 격려하는 것은 오히려 열등감을 주고 자신감을 떨어뜨릴 수 있다. 아이의 눈높이를 고려하지 않는 격려는 하지 않으니만 못하다.

또한, 아이에게 칭찬을 해줄 때는 칭찬받을
만한 행동을 했을 때 그 자리에서 즉시 해주는
것이 좋다. 단, 사탕이나 돈 같은 물질적 보상은

아이가 가진 능력을 무시한 채 격려하면 오히려 자신감이 떨어진다.

피하는 것이 좋다. 꾸중하고 야단을 칠 때는 한꺼번에 몰아서
하는 게 좋고, 그동안 잘못했던 것까지 나열하면서 혼내서는 안 된다. 잘
못을 지적하더라도 잘한 일에 대해 먼저 칭찬하면서 아이의 기분을 살펴
가며 하는 게 효과적이다.

부모인 우리는 아이의 성격을 결정짓는 0~6세 시기를 어떻게 보내야
후회하지 않을지에 대해 진지하게 고민해야 한다. 좋은 습관을 가지고
있는 아이를 보면 모든 부모들이 부러워한다. 그런 결과는 의도된 계획
에 따라 어려서부터 조율하고 노력한 부모만이 누릴 수 있다. 세상에 노
력 없이 이루어지는 것은 없다. 준비된 부모만이 부모와 자녀 모두가 행
복해질 수 있다는 것을 기억하자.

기저귀 떼기,
성격에도 영향을 준다

사소한 습관이 한 사람의 성격이나 운명을 좌우하기도 한다. 한때 유럽의 중산층 부모들이 추종했던 프로이트 심리학에 따르면, 어릴 때 부모와의 부적절한 상호작용으로 잘못된 습관이 고착될 경우 성인이 되어서도 성격에 심각한 문제점이 발생할 수 있다. 그래서 아이가 바람직하지 못한 성격을 갖게 되었다면 그 원인을 부모에게 돌렸고, 그런 만큼 아이를 매우 조심스럽게 키웠다.

프로이트는 1세 반부터 3세 시기에 배변 습관이 바르게 형성된 아이

는 생산적이면서 창의적인 성격을 갖게 된다
고 하였다. 그러나 지나치게 일찍 배변을 가리
도록 강요당하거나 늦게까지 방치하면 폭력적이
거나 결벽증이 있는 성격으로 자랄 수 있다고 하였다. 아이는
자신의 뱃속에서 만들어지는 변을 통해 자의식을 갖게 되는데, 자기 욕
구나 의지가 아니라 강압적으로 배변을 하게 되면 심한 박탈감을 느낀
다는 것이다.

> 억지로 배변을 가리게 하면 폭력적이거나 강박적인 성격이 나타날 수 있다.

배변 훈련은 느긋하게 시작하라

돌 전에 기저귀를 떼는 것이 좋다는 어른들의 말에 억지로 아이의 대변
을 받아내는 엄마들이 있다. 이처럼 억지로 배변을 가리게 하면 남의 물건
을 탐내는 도벽을 보이거나 폭력적인 아이로 자랄 수 있다. 혹은 강박적인
성격이나 지나치게 청결한 성격, 인색한 성격 등이 나타날 수 있다.

언젠가 네 살 남자아이의 문제로 상담을 청한 엄마가 있었다. 아이가
기저귀를 차고 다니던 시절에 이런 일이 있었다고 한다. 아이가 똥을 싼
채로 돌아다니다가 기저귀 사이로 조금 떨어졌는데, 누군가 밟아서 냄새
가 났다는 것이다. 그때 엄마가 "아이쿠, 이 고약한 냄새는 누구 거니?"라

고 무섭게 야단치듯이 말했다고 한다.

그날 이후부터 아이에게 배변의 문제가 생겼다고 한다. 기저귀를 차고도 변을 볼라치면 구석에 가서 힘을 주었고, 물어보면 안 쌌다고 우기면서 엉덩이가 벌게질 때까지 변이 묻은 기저귀를 차고 다녔다는 것이다.

아이는 엄마가 자신의 변에 부정적인 느낌을 갖고 있다고 생각해서 수치심을 가지게 되었고 자기 변을 부정하는 이상행동이 나온 것이다. 아이는 상담을 받고 나서 몇 가지를 실천하면서 차츰차츰 좋아졌다. 일단 아이가 변을 봐서 기저귀를 갈아줄 때마다 "예쁜 황금 똥이네! 잘 먹고 소화도 잘하는 우리 아들!"과 같은 칭찬을 해주었다. 그러면서 아이는 자기 똥이 아니라고 우기는 일이 차츰 줄어들었다.

엄마들은 아이의 변에 대한 초기 반응에 조심할 필요가 있다. 최소한 "아이고, 냄새야", "어휴, 더러워", "이거 누구 거야? 얼른 치워버리자" 같은 반응은 피해야 한다.

아이에게 수치심 주지 않기

배변 습관은 생후 18개월 이후 방광과 괄약근을 스스로 통제할 수 있는 자율신경 조절능력이 생길 무렵부터 천천히 시작하는 게 좋다. 보통 아이들은 3~4세가 되면 배변 훈련을 성공적으로 마친다. 만약 5세 이후에도 밤에 소변을 가리지 못하거나 야뇨 횟수가 잦으면 전문의와 상담하는 것이 바람직하다.

아이의 변에 부정적인 느낌을 주면 수치심을 느껴 이상행동이 나타날 수 있다.

배변 습관은 여러 번의 시행착오를 통해 완성된다. 따라서 아이가 실수할 때에도 슬기롭게 넘어가야 한다. 아이가 실수를 했을 때 옆집 아이와 비교하거나 여러 사람 앞에서 창피를 주거나 아이 엉덩이를 때리는 식으로 스트레스를 주면 수치심을 느껴서 부정적인 성격이 형성될 수 있다.

언젠가 한 조직폭력배의 이야기를 읽은 적이 있다. 그는 어린 시절에 자주 소변 실수를 하였는데, 그때마다 엄마는 아파트 문밖에 서 있게 했다. 복도에서 벌을 설 때 그는 자기에게 손가락질을 했던 아이들을 가만두지 않겠다고 결심했다고 한다. 어쩌면 그때 얻은 폭력성으로 훗날 폭력배가 되었을지 모른다. 이와 같이 한때 부모의 사소한 판단이 아이의 운명을 좌우할 수 있다.

원만하게 배변 훈련하기

나는 결혼 전부터 대학에서 유아교육론, 부모교육, 놀이치료법 등 여러 과목을 가르치면서 대소변 가리기가 아이에게 매우 중요한 과제라는 사실을 알고 있었다. 그래서 큰아이가 1세 반이 되어서야 조심스럽게 대소변 가리기 훈련을 시작했다.

나는 짐짓 심각한 표정으로 아이에게 말을 건넸다.

"아들아, 이제부터 쉬할 때는 이 긴 컵에 해야 해. 너 혼자 하기 힘들면 엄마를 불러. 그럼 엄마가 와서 도와줄게. 할 수 있겠니?"

아이는 신기하게도 할 수 있다는 표정으로 고개를 끄덕였다. 나는 아이가 차고 있던 기저귀를 그 자리에서 풀었다. 얼마 지나지 않아 아이가 큰 소리로 "엄"이라고 했는데 '마' 소리가 나오기도 전에 바짓가랑이 사이로 오줌이 흘러내렸다. 나는 얼른 서둘러 약간의 소변을 컵으로 받아냈다.

한동안 시행착오를 예상하고 있었지만 이 상황에서 어떻게 대처할까를 잠시 고민했다. 그리고 아이 얼굴을 바라보면서 굳은 표정으로 주의를 주었다.

"이렇게 하면 안 되지."

이번에는 시선을 돌려 거실 바닥에 흘러내린 소변을 바라보며 말했다.

"걸레 가져올래? 얼른 닦아야겠구나."

아이에게 상황을 알게 한 다음에 씻기고 새 옷으로 갈아입혔다. 나의 표정이나 분위기를 통해 아이는 자신의 행동이 적절하지 않았음을 깨달은 것 같았다. 이런 일이 여러 차례 반복되었다.

그러던 어느 날 '엄마'를 부르지 않고 아이 스스로 컵에 소변을 받아내는 데 성공했다. 그날 그 소변이 든 컵을 그대로 두었다가 퇴근하고 돌아온 남편에게 보여주면서 아이를 크게 칭찬해 주었다. 남편 역시 아이를 안아주며 칭찬했다. 그 후에도 아이는 몇 번 더 실수를 했지만, 대체로 대소변을 잘 가려 나갔다.

스스로 배변에 성공한 아이는 비로소 창조적이고 생산적으로 자랄 수 있는 기틀이 마련된다. 그러므로 부모는 너무 일찍 서둘러서 스트레스를 주지 않도록 배려하고 기다리는 자세가 필요하다.

배변 습관을 들이는 시점에서는 아이가 아침에 일어났을 때나 외출 전, 잠자기 전에 화장실에 가도록 유도해서 실수하지 않게 도와주는 것도 좋다. 혼자 화장실을 가거나 소변을 잘 보았을 때는 더 잘할 수 있도록 칭찬과 격려를 아끼지 말아야 한다. 그리고 간혹 실수하더라도 야단치거나 벌을 세워 수치심을 느끼게 해서는 안 된다.

> 배변 훈련 시기에 실수하더라도 야단을 치거나 벌을 세워서는 안 된다.

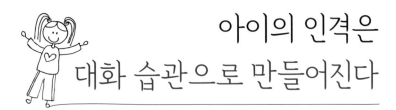

아이의 인격은
대화 습관으로 만들어진다

얼마 전에 한 엄마가 인터넷으로 상담을 해왔다. 아이가 화가 나면 친구들에게 신경질적인 말투로 얘기한다는 것이다. 그때마다 "말을 예쁘게 해야지"라고 야단도 치고 지적도 했지만 잘 고쳐지지 않는다고 했다.

아이의 언어 습관 문제로 고민하는 부모들이 많다. 비속어와 욕설을 일상적으로 사용하는 아이들이 그만큼 많기 때문이다. 아이들이 욕하는 빈도가 과거보다 부쩍 늘어난 이유를 많은 스트레스 때문이라고 해석하는

사람도 있다. 한편으로 수긍이 가는 의견이지
만, 일반적으로 한 아이가 자라서 어떤 언어 습
관을 갖느냐는 부모의 언어 방식에 좌우된다고
할 수 있다. 어린 시절의 언어 환경이 아이가 평생 사용하게 될
언어 양식을 결정하는 셈이다.

> 아이에게 올바른 언어 습관을
> 들이려면 부모가 일상생활에서
> 본보기를 보여야 한다.

아이에게 부모의 대화 습관은 본보기

아이에게 올바른 언어 습관을 만들어주고 싶다면 어릴 때부터 좋은 표
현과 나쁜 표현, 일을 부탁하거나 거절하는 방법, 단정적으로 말해야 할
때와 우회적으로 말해야 할 때의 차이에 대해 알려주어야 한다. 물론 이
보다 더 좋은 방법은 부모가 일상생활에서 본보기를 보이는 것이다.

앞서 상담을 청해온 엄마는 자신이나 남편이 평소 짜증 섞인 말투로 이
야기를 하고 있지 않은지 되돌아보아야 한다. 아이들은 집에서 오고 가는
대화를 통해 일차적으로 말을 배운다. 엄마가 늘 아이에게 지적하고 신경
질적으로 이야기하면 아이도 비슷한 톤의 언어 습관을 갖게 된다.

부모가 호통이나 야단을 많이 치는 가정에서는 아이들도 대화로 문제
를 해결하는 방법을 익히지 못한다.

"너 한 번만 더 그러면 혼나!"

"빨리 하라니까!"

"당장 가지고 와!"

부모가 이와 같이 으름장을 놓거나 명령어를 자주 사용하면 아이는 재촉의 심각성을 크게 받아들이지 않게 된다. 어느 순간에는 아무리 세게 말을 해도 무감각하게 받아들인다. 결국 부모는 그런 아이에게 답답함을 느껴 의사소통에 힘들어 할 것이다.

충분히 들어주고 양해 구하기

문제해결의 지름길은 올바른 대화법을 익히는 것이다. 부모와 아이 사이에 어떻게 대화하느냐에 따라 문제는 더 심각해질 수도 있고, 쉽게 풀릴 수도 있다.

가령, 아이가 떼를 쓸 때는 지금 원하는 것이 무엇인지부터 헤아려주어야 한다. 고집을 부리고 떼를 써도 "밖에 나가고 싶어서 그러는구나"와 같이 아이의 욕구를 헤아려주어야 한다는 말이다.

간혹 엄마 친구들이 놀러와 이야기를 나누고 있는데 아이가 자꾸 말을 걸 때가 있다. 이럴 때 아이에게 무안을 주는 엄마들이 있다.

"나중에 와서 얘기해!"

"지금 어른들 얘기하고 있잖아. 너 왜 자꾸 그러니? 저리 가서 놀아."

부모는 아이가 떼를 써도 꾸짖지 말고 욕구를 헤아려줘야 한다.

무안을 당한 아이는 부모의 관심을 받을 때까지 다시 와서 조른다. 결국 엄마가 버럭 화를 내거나 소리를 질러야 멈춘다.

오히려 이럴 때 엄마는 친구들에게 양해를 구하고 아이의 이야기에 귀를 기울여주어야 한다. 성의 있게 다 들어주고 지금 엄마의 상황을 설명하면서 협조를 바라면 아이는 알아듣는다. 그런 엄마 밑에서 자란 아이는 사려 깊은 성격과 분별력을 갖게 된다.

유학 시절 독일에서 온 친구에게 들었던 이야기다. 어느 날 아빠가 회사 동료들을 데리고 집에 왔는데 어린 자녀가 친구들이랑 거실에서 놀고 있었다. 아빠는 동료들을 서재에서 기다리게 하고, 거실에서 놀고 있는 아이에게 이렇게 물었다.

"아빠가 회사 분들이랑 거실을 좀 써야 할 것 같은데, 너희 놀이가 끝나려면 얼마 정도 기다려야 될까?"

아이에게 물어보는 수준을 넘어 양해를 구한 것이다. 그러자 아이는 "알겠어요. 저희들 게임은 15분 정도면 끝날 것 같아요"라고 대답했다. 이런 가정환경에서 자란 아이는 상대방과 타협하고 조율하면서 합리적으로 문제를 해결해나가는 능력을 키우게 된다.

감사함을 표시하는 언어 습관 만들기

언젠가 미국에서 한 레스토랑에 갔을 때의 일이다. 건너편 테이블에서 세 살쯤으로 보이는 아이가 식사를 하다가 숟가락을 자꾸 바닥에 떨어뜨렸다. 아이 엄마는 그때마다 숟가락을 다시 주웠는데 아이 손에 쥐여 주기 전에 반복해서 이렇게 물었다.

"Say what?(이럴 때 뭐라고 해야 하지?)"

아이는 잠시 생각하다가 "Thanks, mom(고맙습니다, 엄마)"이라고 공손히 대답했다. 그러면 엄마는 아이 손에 숟가락을 다시 쥐어주었다.

식사를 마칠 때까지 아이와 엄마가 6번 정도 같은 행동을 되풀이했다.

그 모습을 지켜보며 나는 여러 생각이 들었다. 그 엄마는 아이에게 자기 실수로 누군가에게 수고를 끼치고 도움을 받으면 당연히 감사의 마음을 표시해야 한다는 것을 가르치고 있었다. 일상의 경험에서 자연스럽게 배우도록 한 것이다.

'감사의 언어는 곧 그 사람의 인격'이라는 말이 있다. 실제로 주변에서 남들로부터 존경받거나 만나면 기분이 좋아지는 사람들을 살펴보면 늘 감사의 언어를 아끼지 않는다.

'감사Thank'라는 말은 '생각Think'에서 나왔다고 한다. "감사합니다"라는 말이 나오려면 아이가 어떤 생각을 하느냐가 중요하다. 어떤 말로 머릿속에 입력되어 있다가 고맙다는 생각이 떠오르면 비로소 "감사합니다"라고 표현하게 되기 때문이다. 그래서 부모는 아이의 머릿속에 입력시키고 싶은 언어를 평소에 자주 사용하고, 그 언어가 두뇌에서 어떤 생각을 하게 하는지에 대해 고민해야 한다. 아이들이 평소에 사용하는 언어를 보면 그 부모가 사용하는 언어의 질을 알 수 있다. 뭐든 하루아침에 이루어지지 않는다. 부모의 꾸준한 노력과 마음가짐이 필요한 일이다.

아이의 언어를 보면 그 부모가 사용하는 언어의 질을 알 수 있다.

대안을 모르는 부모가
아이를 때린다

아이의 버릇을 고치겠다며 때리거나 폭언을 하는 부모들이 있다. 이는 훈육 차원의 체벌이 아니라 범죄행위이고 아동학대이다. 때린다고 해서 아이의 행동이 수정되는 것은 아니다. 오히려 부모에게 맞으면서 자란 아이들은 공격성을 배운다. 아이의 머릿속에 폭력으로 뭐든 해결할 수 있다는 인식이 자리 잡으면 어른이 되었을 때 문제해결의 수단으로 폭력을 사용하게 되어 가정폭력과 사회폭력으로 이어진다. 부모로부터 폭력이 대물림되어 사회로까지 확장되는 악순환의 고

154

리가 만들어진다는 말이다.

아이들은 부모에게 맞으면서 공격성을 처음 배운다.

공격성은 맞으면서 배운다

놀이터에서 노는 아이들을 30분만 지켜보면 대체로 성격을 파악할 수 있다. 친구들에게 걸핏하면 주먹질을 해대는 아이가 있다면 집에서 맞고 자란다고 봐도 무방하다. 친구가 모래를 뿌리거나 때려도 "너 왜 그래? 하지 마. 또 그러면 우리 아빠한테 혼내달라고 할 거야"라고 말로 설득하는 아이가 있다면 집에서 맞은 경험이 거의 없는 경우이다.

일반적으로 아이들은 부모에게 맞으면서 공격성을 처음 배운다. 맞고 자란 아이들은 친구들과 놀다가 자기 기분에 맞지 않으면 집에서 배운 대로 아이들을 때린다. 그러나 집에서 맞은 경험이 없는 아이는 자신을 괴롭히는 친구를 따라다니면서 끊임없이 말로 설득한다.

한 통계자료에 의하면, 전 세계에서 우리나라 아이들이 부모에게 가장 많이 맞고 자란다고 한다. 그렇게 맞고 자라면서도 이상하게 자라는 아이가 많지 않은 이유를 분석해 보았더니 부모로부터 맞을 때 '나 잘 되라고' 혹은 '나를 사랑해서'라고 철학적으로 반응하기 때문이라고 한다. 하지만 외국 아이들은 맞을 때 '기분 나쁘다'는 정서적인 반응을 보이면서 복수심을 갖기 때문에 부모가 체벌을 두려워한다는 글을 본 적이 있다. 그래서 외국인들은 아이를 때리고 나서 껴안고 울음을 터뜨리는 우리나라 부모들을 보고 "아이가 혼란스럽게 왜 저런 식으로 행동해요?"라고 고개를 갸웃거린다.

우리나라 아이들이 부모의 체벌에 철학적으로 반응한다고 해서 체벌을 합리화할 수는 없다. 사회적으로도 체벌은 신체적인 아동학대로 구분하여 법으로 규제하고 있다. 아이들을 보호하기 위해 아동학대 처벌법이 시행되고 있는 것이다.

때리지 않고 말로 하기

실제로 부모교육을 하면서 "자녀를 한 번도 때린 적이 없는 사람 손들어 보세요"라고 하면 손드는 부모는 서너 명에 불과하다. "혼낼 때 한 대만 때리고 그친 분 손들어 보세요"라고 하면 대다수가 그렇지 못하다고 대답한다. 일단 자녀에게 매를 들기 시작하면 점차 감정이 실리면서 아동학대 수준의 폭력으로 변해간다. 정도의 차이가 있을 뿐 부모들은 누구나 경험한 적이 있을 것이다.

다시 "때릴 수밖에 없어서 때렸는데, 때리고 났더니 기분이 좋아진 분

손들어 보세요"라고 하면 손드는 사람이 아예 없다. 나는 마지막으로 하나를 더 묻는다.

"혹시 체벌 말고는 다른 방법을 몰라서 체벌할 수밖에 없었다는 분 손들어 보세요."

그러면 대다수의 부모들이 고개를 끄덕이며 손을 든다.

부모에게 맞고 자란 사람들은 자신의 아이도 같은 방식으로 양육한다. 내가 맞은 대로 자식을 때리는 것이다. 교육보다 중요한 것은 경험이다. 우리가 배운 것보다 어떻게 자라왔는가 하는 경험이 더 오래 각인되기 때문이다. 그래서 어린 시절 부모에게 맞고 자란 세대는 자신이 물려받은 양육방식을 그대로 아이에게 적용한다. '나도 맞고 자랐지만 별 문제 없이 컸으니까 너 역시 맞아도 괜찮을 것이다'라고 생각하며 때리는 것을 합리화하는 것이다.

부모들이 매를 드는 것은 다른 대안을 모르기 때문이다. 때리지 않고 아이를 바로잡는 방법은 될 때까지 말로 하는 것이다. 어느 세월에 되겠냐고 생각하겠지만 사실 이 방법이 가장 빠르고 효과적이다. 게다가 부작용도 일어나지 않는다. 단, 부모의 인내심과 말로 고칠 수 있다는 믿음이 있어야 가능한 일이다.

> 부모들이 매를 드는 것은 다른 대안을 모르기 때문이다.

아이에게 치명적인
상처를 주는 부모들

아이가 예상치 못한 행동을 하면 생각할 틈도 없이 소리를 버럭 지르거나 거친 말을 내뱉게 되는 경우도 있다. 물론 시간이 흐르면 대부분 후회하지만 다시 주워 담을 수는 없다.

화라는 감정은 반드시 분출해야 하는 정서일까? 혹자는 "화^{Anger}는 위험^{Danger}하다"라고까지 하였다. 화를 잘 내는 사람은 걸핏하면 화를 내고 분출하면서 자신의 뜻을 표현한다.

먼저 부모인 당신이 걸핏하면 화를 내는 타입인지 스스로 돌아보자. 아

이의 행동이 정말로 화를 낼 만한 일인지, 아니
면 부모가 정해놓은 잣대와 달라서 화를 내는
것인지 곰곰이 생각해보자.

아이에게 화를 내는 것도
정서학대에 포함된다.

아이는 듣고 자란 대로 말한다

화를 내서 감정을 상대에게 알리기보다는 스스로 화를 극복하고 정복
하는 편이 더 바람직하다. 말처럼 쉽진 않지만, 화를 극복하는 것도 연습
하면 가능하다. 그렇다면 어떻게 극복할 수 있을까?

아이에게 화를 내는 것은 정서학대에 포함된다. 정서학대는 고의로 의
식주를 제공하지 않는 행위, 좁은 공간에 장기간 혼자 가두어놓는 행위,
원망적, 거부적, 적대적, 경멸적인 언어폭력과 아이가 보는 앞에서 부부
싸움을 하는 행위, 언어적·정신적 위협, 억제, 감금, 기타 가학적 행위 등
을 가리킨다. 아이의 인격과 존재, 감정, 기분을 심하게 무시하거나 모욕
하는 행위나 말이 모두 포함된다.

옛 어른들은 매일 하는 부모의 말이 아이에게 크나큰 영향을 미친다고
생각했다. 아이가 들은 말대로 자란다고 믿었기 때문이다. 욕설과 협박을
듣고 자란 아이는 아무 생각 없이 남들에게 욕설을 하고 협박을 한다.

언젠가 상담을 왔던 엄마랑 이야기하다가 크게 웃은 일이 있다. 그 엄마는 딸아이가 말을 안 들으면 "너 한번 맞아볼래?"라는 협박조의 말을 습관처럼 사용했다고 한다. 그러던 어느 날, 독감에 걸려 사흘을 집에서 누워만 지내 몰골이 말이 아니었단다.

그때 아이가 엄마의 모습을 보더니 이렇게 말했다고 한다.

"엄마, 한번 맞아볼래?"

아이는 엄마가 한 말의 진짜 의미는 잘 모르고 늘 들었던 대로 사용했던 것이다. 그 엄마는 그때까지의 행동을 깊이 후회했다고 한다.

아이들은 어린 시절에 들었던 엄마의 말들을 머릿속에 모두 입력해 두었다가 말을 하기 시작하면서 꺼내 쓴다. 그러므로 부모는 늘 아이에게 언어를 신중하게 선택해서 말해야 한다.

부모의 역할을 소홀히 하면 학대

최근에는 방임형 학대도 큰 문제가 되고 있다. 보건복지부에서 발표한 통계에 따르면 학대 유형 가운데 양육을 소홀히 한 방임형 학대가 79퍼센트로 가장 높다. 방임형 학대의 행위로는 고의적이고 반복적으로 아동에게 의식주를 제공하지 않는 행위와 장시간 아동을 위험한 상태에 방치하는 물리적 방임 및 유기, 학교 무단결석을 허용하는 교육적 방임, 위생 상태가 매우 더럽거나 예방접종 혹은 치료를 소홀히 하는 의료적 방임, 아동과의 약속을 안 지키거나 마음에 상처를 주는 정서적 방임을 들 수 있다. 결과적으로 아동의 양육과 보호를 소홀히 해 아동의 건강과 복지를 해치거나 정상적인 발달을 저해할 수 있는 모든 행위를 가리킨다. 예컨대, 집에 아이들만 재워 두고 밤에 호프집에 간다거나 심야극장에 가는 것도 사실상 방임형 학대에 해당한다.

집에서 할 부모의 역할을 소홀히 하는 것은 방임형 학대이다.

한 어린이집 원장님에게 꼴불견 엄마에 대해 들은 이야기가 있다. 프리랜서여서 일찍 출근을 안 해도 되는 한 엄마가 있었다. 그 엄마는 자신의 생활리듬에 맞춰 오전 10시 반 즈음 어린이집에 아이를 데리고 왔다. 하루는 아이가 감기 기운이 있어 목욕을 시키지 않았다고 하는데, 아이는 전날 입었던 티셔츠를 입고 어린이집 교사가 묶어준 머리 모양을 그대로 하고 있었다. 마치 눈곱만 떼고 온 형상이었단다. 그러고는 딸아이가 늦잠을 자서 아침을 못 먹였다며 챙겨달라고 부탁하고는 곧바로 돌아갔단다. 이 경우도 명백한 방임형 학대이다.

아침밥을 먹이고 씻기고 새 옷으로 갈아입히는 일은 집에서 해야 할 부모의 역할이다. 사회 활동을 하면 부모 역할을 소홀히 해도 된다는 것은 아주 잘못된 생각이다.

아이를 병들게 하는 성학대

성학대로 인정되는 행위로는 아동의 성기를 만지거나 자신의 성기에 접촉을 요구하는 행위, 아동 앞에서 옷을 벗으며 자신의 성기를 만지는 행위, 강제로 애무하거나 키스하는 행위, 아동의 옷을 강제로 벗기는 행위, 소아 나체를 보는 것을 즐기거나 포르노 비디오를 아이에게 보여주는 행위 등을 들 수 있다. 말하자면 성인의 성적 욕구 충족을 목적으로 미성숙한 아동, 청소년과 함께하는 모든 성적 행위를 가리킨다. 특히, 성학대는 아동을 보호하고 있는 사람들이 저지르는 것을 말하며, 만약 타인에 의해 자행될 경우에는 성폭력이라고 한다.

미술치료를 받으러 다니던 한 아이가 있었다. 딸아이가 여섯 살이 되면서 구석진 곳을 찾고 우울한 얼굴빛을 보이자 엄마는 미술치료실을 찾아왔다. 아이는 매주 한 번씩 와서 가족과 집 안에서 뭘 하는지를 그렸다. 그런데 아이의 그림에서 특이한 점이 나타났다. 가족의 얼굴을 그릴 때 언제나 아빠 얼굴을 작게 그린다거나, 눈만 그린다거나, 얼굴형은 있지만 눈, 코, 입은 생략하는 식으로 그렸던 것이다.

뭔가를 하는 모습을 그리라고 하자 아빠는 신문 보는 모습을, 엄마는 주방에서 일하는 모습을, 동생은 책 읽는 모습을, 그리고 한쪽 벽면을 가득 채우는 TV를 그리고 그 앞에 자신이 누워 있는 모습을 그렸다. 그렇게 큰 TV를 이상하게 여긴 선생님은 집중적으로 TV에 대해 묻고 답을 기다렸다. 1년 반이 지나서야 TV를 크게 그린 이유가 밝혀졌다.

마음이 병든 아이는 미술치료를 통해 마음속의 응어리가 풀어지기도 한다.

아빠가 딸을 성학대할 때마다 TV 소리를 크게 틀어놓았던 것이다. 그 이후 아이와 가족 모두에게 집단상담이 이루어졌고, 한편으로는 미술치료를 받기도 했다. 아이는 이런 엄청난 일을 그림으로, 나중에는 말로 표현하였고, 치료 마지막 과정에서는 그림 속의 TV도 작은 크기로 그리게 되었다. 마음속의 응어리가 풀어진 것이다.

아이를 지켜주고 보호해야 하는 아빠가 아이를 서서히 병들게 만든 끔찍한 사례이다. 마음에 병을 가지고 있던 아이가 미술치료를 받으면서 한 장의 TV 그림으로 모든 것을 토해냈다고 할 수는 없다. 그러나 TV가 들어간 그림을 100장 정도 그릴 때에는 그 마음을 100번 정도 토해낸 것이다. 그 결과 어느 날에는 TV가 왜 그렇게 큰 것인지에 대해 이유를 말할 수 있게 된 것이다. 이런 것이 치료의 힘이다.

아이들에게 그림은 말이고 글이다. 이런 역기능적인 가족이 우리 주변에 있다면 법으로 처벌해서 아이를 구해내야 할 것이다.

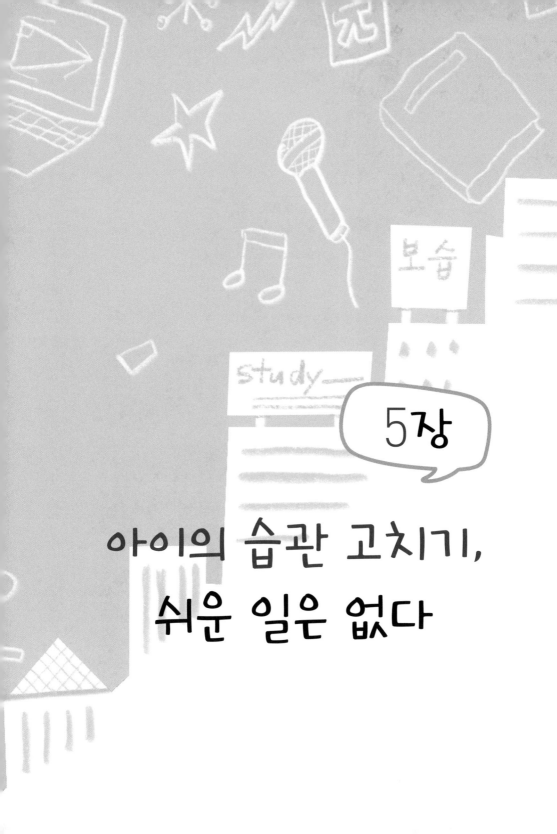

5장

아이의 습관 고치기,
쉬운 일은 없다

나쁜 습관을 버리는 것보다
애초에 들이지 않는 게 쉽다.
· 벤저민 프랭클린 ·

인간의 삶은
습관 덩어리

아빠가 바쁜 탓에 엄마하고만 상호작용하면서 자라는 아이들이 많다. 구조적으로는 아빠가 존재하지만, 기능적으로는 아빠가 제 역할을 하지 못하고 있는 셈이다. 요즘 버릇없는 아이들이 부쩍 늘어나는 이유의 하나이기도 하다.

전통적으로 우리 사회에서 아빠는 아이들을 엄격하게 대했고, 아이들은 아빠의 동정을 살피면서 행동했다. 아빠의 헛기침 소리나 근엄한 표정 하나로도 집안 분위기가 엄숙해지곤 했다. 지금도 이런 집이 있다면 아빠가 일관된 권위를 가지고 교육을 잘하고 있는 것이다. 물론 이때 엄마는 자상하고 애정 어린 태도를 유지해야 한다.

반대의 경우도 있다. 엄마가 나지막하게 몇 마디 하면 아이들이 말대꾸도 하지 않고 자기 할 일을 척척 하는 집도 있다. 이런 경우라면 아빠가 따뜻하고 편안한 분위기를 만들어주어야 한다. 아이가 잘 자라게 하려면 엄마 아빠 중 한쪽은 애정을, 다른 한쪽은 통제를 맡아야 한다. 아이가 제대로 성장하는 데 꼭 필요한 두 축이 애정과 통제이기 때문이다.

습관이 성격을 만든다

엄마 아빠 둘 다 애정만 듬뿍 주고 통제를 하지 않으면 문제가 생긴다. 반대로 둘 다 애정은 주지 않고 통제만 하는 부모도 있는데, 이 경우 더 큰 문제가 불거질 수 있다.

미국의 교육학자 듀이는 가정을 '축소된 사회'라고 하였다. 가정에서 애정과 통제를 받으면서 자기조절 능력을 키운 아이들이 사회에 나가서도 잘 적응한다는 뜻이다.

아이들은 가정에서 적절한 애정과 통제를 경험하면서 버릇을 형성한다. '세 살 적 버릇이 여든까지 간다'는 말이 있는데, 사실 버릇은 세 살

전에 어느 정도 형성된다. 예를 들면, 밥 먹기 시작할 때 밥 먹는 버릇이 생기고, 옷 입기 시작할 때 옷 입는 버릇이 생기고, 말하기 시작하면서 말버릇이 생긴다. 먹는 것으로 따진다면 이유식은 6개월부터, 혼자 밥 먹겠다고 주장하는 것은 한 살 이후부터이며, 대소변에 대한 버릇은 세 살을 전후해서 이루어진다. 따라서 좋은 버릇을 키워주려면 세 살 이전부터 세심하게 배려해야 한다.

엄마 아빠 중 한쪽은 애정을, 다른 한쪽은 통제를 맡아야 한다.

프로이트는 '인간의 삶은 습관 덩어리'라고 하였다. 어려서 생긴 버릇이 습관을 낳고, 그 습관이 성격을 형성하며, 그 성격은 그 사람의 운명을 좌우한다는 말이다. 어려서 좋은 버릇을 형성하게 하려면 엄마 아빠가 의지를 가지고 각자 역할을 분담하면서 좋은 버릇을 들이도록 잘 이끌어주어야 한다. 때문에 아빠의 역할이 중요하다. 옛 고전에도 최종 훈육자는 아버지가 되는 것이 효율적이라고 하였다.

엄마의 훈육은 길고 아빠의 훈육은 짧다

내 경우에도 두 아들의 버릇을 들일 때는 엄마인 나보다 남편이 하는 편이 시간도 절약되고 효과도 좋았다. 엄마는 하나를 얘기하더라도 예전

것까지 다 끄집어내서 얘기하는 바람에 자꾸만 이야기가 길어진다. 아이들 입장에서는 지칠 수밖에 없다. 아빠는 길게 이야기하지 않는다. 그냥 지금 일어난 사건 하나만 가지고 얘기하고 결론을 내린다. 조곤조곤 따지지도 않고 "남자는 그러는 게 아니야, 알지? 남자끼리 약속했어! 다음에는 안 그러는 거다!"라고 간단하게 마무리한다. 엄마가 이야기하면 최소 30분은 걸릴 것도 아빠가 이야기하면 2분이면 충분하다.

부모로부터 설교, 설득, 지적, 야단을 자주 많이 받고 자란 아이는 그렇지 않은 아이보다 표정이 어둡다. 그러므로 최종 훈육자는 짧고 굵게 끝낼 수 있는 아빠가 더 좋다.

1970년대 이후 미국에서는 아빠가 아이 키우기에 개입하면서 관련 연구가 많이 나왔다. 연구 결과 유아기에 아빠와 상호작용을 많이 한 아이들이 학교에 입학한 후 학업성취도와 사회성이 높은 것으로 나타났다. 아빠의 참여가 아이의 성취동기를 높여주고 문제해결력을 증진시키며 친사회적 성향을 강화시킨다는 것이다.

어려서부터 아빠와 박물관이나 동물원에도 자주 가고, 영화도 보러 가고, 마트도 다니면서 상호작용을 많이 한 아이들이 학업성취도가 높다. 아이가 공부를 못하면 그 원인을 엄마한테 돌리는 아빠들이 있는데, 사실 아이들 질문에 제대로 대답해주지 않았던 자신이 문제라는 것을 깨달아야 한다.

아이들은 시시때때로 아빠와 대화를 나누고
궁금한 것을 묻고 답을 듣고 싶어 한다. 하지만
아빠는 너무 바빠 곁에 없을 때가 많다. 아이는 처
음에는 그 상황을 이해하다가 시간이 흐르면서 아빠를 싫어하
고 멀리하게 된다.

최종 훈육자는 짧고 굵게
끝낼 수 있는
아빠가 더 좋다.

바쁜 아빠가 아이와 친해지는 법

아빠가 바쁘더라도 생각을 조금만 바꾸면 아이와 친밀한 관계를 유지
할 수 있다. 신학기가 되면 아내를 통해 아이의 반과 담임 선생님, 새 친
구의 이름을 알아두자. 물론 수첩에 적어 두어야 한다. 중요한 것은 그 후
에 이루어진다. 야근을 한다거나 출장을 갔을 때 아이에게 전화해 이렇
게 묻는다.

"새 친구인 진후와 잘 지내고 있니?"

아이는 아빠의 관심을 무척 반가워하면서 진후에 대한 이야기를 시작
할 것이다. 대화의 물꼬가 터지면 꼬리에 꼬리를 물고 선생님이나 학교
공부, 시험에 대한 이야기를 이어나갈 수 있다.

주말에 아들과 함께 목욕탕에 가는 것도 좋다. 스킨십은 말보다 강력

한 힘을 발휘해서 아이와 사랑의 끈을 만들어줄 것이다.

딸아이라면 둘만의 비밀 얘기를 나눌 수 있는 비밀 장소를 만들어보자. 쪽지에 비밀 얘기를 써서 액자 뒤나 꽃병 밑에 숨겨놓고 아이에게 전화해서 찾아보게 하는 것이다. 딸아이가 비밀 장소에서 찾아낸 쪽지 내용이 '아빠는 소미를 아주 많이 사랑해!'라면 어떨까? 아이들과 사소하고 시시한 것에서부터 상호작용을 시작하면 머지않아 크게 이뤄낼 수 있을 것이다.

좋은 식습관은
즐거운 식사에서 나온다

편식이나 과식하는 아이의 식사 습관은 대개 엄마와 닮는 경향이 있다. 우리 아이는 생후 6개월부터 이유식을 시작했는데, 따로 이유식을 만들어 먹이지 않았다. 집에서 된장국을 먹으면 아이에게도 된장국에 밥 한 숟가락을 말아서 떠먹였고, 미역국을 먹으면 미역국을 먹였고, 시금칫국을 먹으면 시금칫국을 먹이는 식이었다. 그래서인지 두 아이 모두 편식하지 않고 골고루 잘 먹는 편이다.

나의 친정어머니는 오이를 드시지 않았다. 그래도 우리 5남매는 모두 오이를 잘 먹는다. 그 이유를 곰곰이 생각해봤더니 어머니가 밥상에 오이를 자주 올리셨던 기억이 났다. 자신은 먹지 않는 음식이지만 5남매가 골고루 잘 먹도록 배려하신 것이다. 이와 같이 좋은 식사 습관은 엄마의 노력으로 만들어진다.

엄마가 된장국이나 나물류를 좋아하지 않거나 다이어트를 한다며 비스킷 한 조각으로 끼니를 때우면 아이의 식사 습관이 좋을 수가 없다. 아이에게 이것저것 해주어도 잘 먹지 않는다는 엄마의 고민을 많이 들었는데, 그 이유를 추적해보면 엄마 자신이 식사 습관이 바르지 않은 경우가 많았다. 그런 엄마 밑에서 자란 아이는 자연스럽게 편식을 하고 밥을 잘 먹지 않게 된다.

소아 비만은 엄마 책임이다

엄마가 한 가지 음식만 집중적으로 먹여도 편식하는 아이로 자랄 수 있다. 교사인 한 엄마는 아이를 할머니에게 맡겼는데, 영양가 있는 이유식을 먹이고 싶어 주말에 사골국이나 쇠고기 간과 야채를 넣은 죽 등 특별 이유식을 만들었다고 한다. 그 후 아이가 이유식을 떼고 밥을 먹기 시작할 무렵에는 고기와 햄, 치즈, 달걀을 자주 먹었는데, 유아기부터 과체중이었던 아이는 결국 소아 비만이 되고 말았다.

성인 비만으로 이어지는 소아 비만은 대부분 엄마 책임이다. 아이가 어려서부터 고단백, 고열량 음식에 길들여지면 채소를 안 먹거나 입이 짧거나 입맛이 까다롭거나 밥을 싫어하게 된다. 이후 성격 형성에도 부정적인 영향을 미친다.

어린 시절에는 다양한 음식 맛을 경험하는 것이 중요하다. 간혹 아이에게 김치를 먹일 때 물로 씻어주는데, 씻어서 매운 맛을 느끼지 못하게 하는 것보다 매운 음식은 매운 대로, 짠 음식은 짠 대로 먹이는 게 좋다. 다채로운 맛을 경험하면 어떤 음식이든 쉽게 적응할 수 있기 때문이다.

> 편식을 하거나 입맛이 까다로우면 이후 성격 형성에도 부정적인 영향을 미친다.

즐거운 식사시간 만들기

아이의 식사 습관이 엉망인 집은 엄마가 따라다니면서 한 숟가락씩 떠먹이는 일이 많다. 그러면 아이고 어른이고 전쟁 같은 분위기에서 식사를 하게 된다. 간혹 반찬을 입에 물고 있다가 밥상에서 토하는 아이도 있다. 이런 경우 정말로 거북해서 토하는 게 아니라 일종의 '보여주기show-up'일 가능성이 높다. 주위의 다른 반응을 기대하는 행동이란 뜻이다. 그래서 버섯이나 가지처럼 씹는 느낌이 좋지 않은 음식이 나오면 거부 수단으로 토하는 것이다. 이럴 때는 아이의 토하는 행동에 담담하게 대처하면서 새 그릇에 반찬을 다시 퍼주어야 한다. 엄마가 반복적으로 대처하면 아이는 어느 순간 음식을 먹게 된다.

밥을 잘 먹지 않는 아이는 식사시간에 자주 꾸중을 들어서 그 시간이 유쾌하지 않은 시간으로 인식되어 밥을 멀리하게 되는 경우가 많다. 프랑스의 크레쉬(어린이집)에서 본 아이들은 음식으로 장난하는 것처럼 보였는데도 어느 누구도 통제하지 않았다. 아이 입으로 들어가는 음식보다 흘리는 양이 더 많았는데도, 교사들은 그저 웃기만 할 뿐 제지하지 않았다. 나는 적잖게 충격을 받았다. 그리고 이어진 크레쉬 교사의 이야기에 큰 감동을 받았다.

"이런 식으로 식사를 시작하면 아이들은 차츰 식사시간을 즐겁게 생각하고 음식에 대해서도 긍정적인 반응을 하게 된답니다."

자율적인 식사시간의 중요성을 강조한 것이다. 물론 문화적 배경이 다르기 때문에 같은 해석을 내리기는 조심스럽지만 식사가 즐거운 일이 되어야 하고, 그 시간을 기쁘게 기다리게 해야 한다는 말에는 공감한다.

애정결핍은 과식을 불러온다

식사시간이 즐거우면 음식에 대해서도 긍정적인 반응을 하게 된다.

　이번에는 과식하는 아이의 식사 습관을 살펴보자. 아이가 아무리 많이 먹어도 포만감을 느끼지 못하고 먹는 것에 집착한다면 문제행동이라 할 수 있다.

　어린이집의 한 교사가 이런 문제로 상담을 청해온 적이 있다. 어느 날 간식으로 핫도그를 주었는데, 한 아이가 7개를 먹어치우고 더 달라고 요구했다는 내용이었다. 아이가 늘 그렇게 과식을 하는데 어떻게 대처해야 할지 난감하다는 것이었다. 몇 가지 더 물어보니 부모의 이혼으로 할머니와 지내고 있는 아이였다. 아이의 옷차림은 늘 지저분했고, 평소 교사한테서 떨어지지 않으려는 애정결핍 증상도 보인다고 했다. 결과적으로 아이의 과식은 애정결핍에서 온 것이라 볼 수 있다.

　미국에서는 이러한 증상을 '무질서하게 먹기eating disorder'라고 하는데, 그 치료를 정신과에서 맡고 있다. 이런 아이에 대한 처방은 지속적인 관심을 기울여서 과식의 원인을 찾아내고 결핍된 정서를 채워주는 것이다. 잘못된 식사 습관을 바로잡을 때도 세심한 관심과 사랑이 선행되어야 한다는 말이다.

어린이 비만,
방치하면 안 된다

유학 시절 미국 사람들을 이해하기 어려웠던 것 중 하나가 그
들의 외식문화였다. 한번은 스테이크하우스에서 일가족의
식사 풍경을 보고 깜짝 놀랐다. 먼저 수프와 샐러드를 먹고, 바구니 한 가
득 나온 빵에 버터와 잼을 발라서 먹는다. 다음에 커다란 스테이크가 나
오자 감자와 와인을 곁들여 가며 먹고, 후식으로 땅콩과 초콜릿이 가득
뿌려진 아이스크림을 먹었다. 대충 계산해보니 온종일 섭취할 칼로리를
한 끼에 다 섭취해버리는 듯했다. 지금도 그렇지만 당시에도 다이어트 열

풍이 한창이었다. 한편으로는 다이어트에 목매
면서 이렇게 과식을 하다니……. 정말 신기한
문화를 가졌다고 생각했다.

　그렇게 놀라웠던 장면이 지금 우리나라에서 흔히 볼 수 있는
풍경이 되었다. 그래서인지 우리나라도 비만 인구가 늘고 있다. 특히 소
아 비만과 어린이 비만이 심각하다. 교육부에서 발표한 표본조사 결과에
따르면, 전국 초·중·고 학생 가운데 15퍼센트가 비만이다. 게다가 1.4퍼
센트는 고도비만, 6퍼센트는 중등도비만, 7.6퍼센트는 경도비만으로 집
계되었다.

비만인 아이가 산만하다

　비만은 아이의 성격 형성에도 커다란 영향을 미친다. 3개월간 A그룹의
쥐들에게는 콜라, 도넛, 소시지를 먹이고, B그룹의 쥐들에게는 자연식품
을 먹이는 실험을 하였는데, 자연식품을 먹은 쥐들보다 인공식품을 먹은
쥐들의 행동이 더 거칠고 주의가 산만하였다. 이런 연구 결과를 토대로
미국 뉴욕 주 교육청이 학교 매점에서 인스턴트식품 판매를 제한하고 학
교 급식에 인공색소나 화학조미료를 넣지 못하게 하는 등 학생들의 산만

함을 줄이려는 노력을 기울이고 있다.

그렇다면 어린이 비만이 계속 늘고 있는 구체적인 원인은 어디에 있을까?

첫째, 잘못된 식생활 습관 때문이다. 우리 음식 문화는 탄수화물에서 지방 위주로 많이 바뀌었다. 야채가 듬뿍 들어간 비빔밥 대신에 햄버거와 피자, 치킨을 즐기지 않는가. 또, 언제 어디서나 배달해주는 야식을 즐기고 있다. 이런 음식을 먹으면 피하지방으로 고스란히 저장된다.

전자레인지로 데워서 바로 먹을 수 있는 즉석식품은 당분, 염분, 지방 함량이 높다. 과자 한 봉지의 열량은 한 끼 식사와 맞먹는다. 캔 하나의 당분이 25그램인 콜라는 마시는 순간 초·중·고 학생의 하루 당분 섭취량 20그램을 초과한다.

둘째, 운동 부족 때문이다. 먹은 만큼 운동으로 소모하는 과정이 필요한데, 이를 실천하기가 쉽지 않다. 외식하고 들어온 날을 생각해보자. 맛있게 잘 먹고 왔으니 배가 부르다. 그럴수록 움직이기가 귀찮다. 뒹굴뒹굴하며 TV를 보다가 어느 순간 잠이 들고 만다. 우리는 늘 이런 식의 악순환에 빠져 지낸다.

셋째, 스트레스 때문이다. 요즘은 아이들도 스트레스가 심하다. 방학을 해도 선행학습으로 쉴 틈이 없고, 일찍부터 학습지를 푸는 반복학습을 강요받고 있기 때문이다. 스트레스를 받은 아이들은 음식에 집착하고 과식하는 특징이 있다. 요즘 아이들은 밥 먹을 시간도 없이 이 학원에서 저 학원으로 돌아야 하기 때문에 제대로 챙겨 먹기도 힘들다. 설상가상으로 학습 스트레스까지 쌓인다면 결국 먹는 것에 집착할 가능성은 더 커진다.

음식에 대한 기호는 13세 이전에 결정되기 때문에 부모의 역할이 크다.

부모의 식습관을 먼저 바꿔라

마지막으로 유전적 요인 때문이다. 부모가 비만인 경우, 60~80퍼센트가 비만 아이를 낳는다는 조사 결과가 있다. 이런 부모들은 자신의 잘못된 식사 습관을 고스란히 아이에게 물려준다. 원래 부모가 고기를 좋아하면 아이도 고기를 좋아하고, 채소와 생선을 좋아하면 아이도 그렇게 된다. 때문에 부모가 비만이라면 식단에 신경 써서 아이의 비만 유전자를 정상으로 바꾸도록 노력해야 한다. 물론 부모 자신도 체질을 개선해나가야 한다.

바른 식생활은 건강의 기본이며 만병을 예방하는 근원이다. 무엇을 먹느냐에 따라 병을 얻기도 하고, 약이 될 수도 있다. 음식에 대한 기호는 13세 이전에 결정되기 때문에 그만큼 부모의 역할이 크다.

아이들은 원하든 원하지 않든 부모가 먹는 식단대로 먹고, 어른이 되어서도 그 식사 습관이 그대로 이어진다. 튀김과 단 음식, 고기 위주로 먹던 아이들이 나물에 밥을 먹는 어른으로 변하기는 힘들다. 따라서 아이를 위해서라도 부모의 식단을 바꿀 필요가 있다.

소리 지르기는
이제 그만

미국에서는 '보여주고 말하기Show and Tell'가 훈육의 기본이다. 부모가 아이에게 먼저 시범을 보이고 말로 설명한다는 것이다. 가령, 어린아이가 화분에 놓인 하얀 조약돌을 거실에 뿌리면서 장난을 치고 있다고 하자. 이 장면을 목격했을 때 엄마는 아이의 행동을 수용할 것인지 아닌지를 결정해야 한다. 만약 화분의 조약돌은 장난감이 아니라고 가르쳐야겠다고 생각했다면 즉시 아이에게 신호를 주어야 한다. 아이의 눈을 바라보면서 "안 돼"라고 말하는 것이다.

아이는 그 말이 무엇을 의미하는지 잘 모를 것이다. 그래도 엄마의 표정을 통해 썩 유쾌한 분위기가 아님을 깨닫게 된다. 시간이 조금 흐르면 아이는 금세 잊어버리고 다시 화분의 조약돌을 쥐고 던지려 할 것이다.

잘못되었다는 사인 주기

이때 아이는 엄마 표정을 한번 살핀다. 그 순간을 놓치지 말고 엄마는 방금 전과 마찬가지로 "안 돼"라고 말해야 한다. 아이는 그 순간 조약돌을 뿌리면 어떤 일이 벌어지는지가 궁금해서 바닥에 뿌리고 본다. 엄마는 그 즉시 달려가 아이의 손을 잡고 흔들면서 "안 돼"라고 말해야 한다. 그리고 나서는 아이와 함께 조약돌을 주워 담는다. 아이는 이제 조약돌을 던진 행위와 엄마가 달려와 손을 흔들고 조약돌을 주웠던 기억을 모두 연합해서 화분 앞에서 마음이 불편했던 기억을 갖게 된다.

아이는 점심을 먹고 난 후에 다시 한 번 화분으로 다가간다. 아이들은 보통 세 번은 해보려고 하는 성향이 있다. 아이는 화분 앞에 앉아 조약돌을 만지면서 다시 엄마의 눈치를 살필 것이다. 이때 엄마가 "안 돼"라고 말하면 아이는 그 전에 화분 앞에서 느꼈던 불쾌한 경험을 떠올리고 조약돌을 던지지 않는다.

여기서 중요한 것은 아이에게 '이것은 잘못
된 행동'이라는 분명한 사인을 주는 것이다. 그
리고 일관성 있게 세 번은 가르쳐야 올바른 습관

으로 자리 잡게 된다. 그런 차원에서 미국 사람들은 훈육이 되
지 않은 아이를 가리켜 '게으른 엄마의 작품'이라고 말한다. 엄마가 게을
러서 아이를 가르칠 수 있는 세 번의 기회를 놓쳤다는 의미일 것이다.

소리 지르는 것도 정서학대

한 언어학자가 아이의 두뇌를 연구한 결과를 발표했다. 그에 따르면
'엄마' 소리를 3,000번 정도 들어야 아이의 머릿속에 입력되어 비로소
'엄마'라는 말을 내뱉는다고 한다. 어떤 행동을 고치기 위해서는 이와 똑
같은 인내심이 필요하다. 버릇을 고치고 싶다면 부모가 아이에게 똑같은
말을 3,000번 할 수 있는 마음의 준비를 해야 한다.

단, 3,000번을 똑같은 목소리 톤으로 이야기해야 한다. 화를 내거나 위
협적으로 겁을 주어서는 안 된다. 따라서 아이에게 3,000번을 말할 각오
가 되어 있는 엄마들은 목소리를 아끼기 위해 작고 나지막한 소리로 말
을 한다. 그렇지 않은 엄마들은 한두 번에 아이를 바로잡겠다고 생각하

기 때문에 험상궂은 표정을 짓고 위협적인 목소리 톤으로 크게 소리를 지른다. 옆에서 보면 목이 쉴까 걱정될 정도이다.

우리나라 부모들이 체벌과 함께 가장 많이 사용하는 것이 바로 '소리 지르기'이다.

"빨리 나와!"

"얼른 먹어!"

"당장 멈추라니까!"

우리 부모들은 하루 평균 7번 정도 소리를 지른다는 통계 자료를 본 적이 있다. 외국에서는 '소리 지르기'를 야만적 행위라고 보고 정서학대로 간주한다.

유학 시절에 있었던 일이다. 두 아들과 길을 걷고 있는데, 아이들이 장난을 치면서 저만치 앞질러갔다. 나는 위험하다고 생각해서 있는 힘껏 아이의 이름을 불렀다. 그때 길을 가던 미국 사람들이 발걸음을 멈추더니 눈살을 찌푸려 나를 바라보았다. 그들은 길거리에서 아이에게 소리 지르는 행위 자체가 비상식적인 행동이고 정서학대라고 보았던 것이다. 날 보는 사람들의 눈총이 얼마나 따가운지 부끄러워 혼났다.

소리 지른다고
훈육이 되지는 않는다

부모가 늘 소리를 지르면 아이는 큰 소리에도 잘 반응하지 않게 된다.

유치원이나 어린이집 선생님들을 보면 아이들에게 소리를 지르지 않는다. 소리를 지른다고 해서 아이들이 말을 잘 듣는 것은 아니라는 걸 잘 알고 있기 때문이다. 오히려 낮게 가라앉은 목소리가 아이들을 더 집중하게 만든다.

소리 지르기는 훈육과 전혀 관계가 없다. 주의 환기나 위급 상황을 알리기 위한 소리 지르기는 의미가 있겠지만, 일상적으로 이루어지는 소리 지르기는 전혀 의미가 없다. 특히 부모가 늘 소리 지르는 가정환경에서 자란 아이들은 소리를 질러도 잘 반응하지 않는다. 그저 집 안이 시끄러워질 뿐이다. 그래서 소리를 지르지 않고 아이를 다스릴 수 있는 부모가 유능한 부모라고 하는 것이다.

우리 집은 아이들이 아빠를 더 어려워하기 때문에 남편이 아이들 훈육을 맡았다. 남편은 아이를 타이르거나 지적할 때 낮게 가라앉은 목소리로 아이의 이름을 불렀다.

작은아이가 다섯 살 무렵 놀이방에 다닐 때의 일이다. 아이가 어릴 때부터 유난히 시계를 좋아해서 팔목에 빨간 볼펜으로 시계를 그려주곤 했다. 그 시계 그림이 지워지면 다시 파란 볼펜으로 그려주었다. 그런데 어느 순간부터 이 방법이 통하지 않아 문방구에서 빨간 시계를 하나 사서 채워주었다. 아이는 한 달 정도를 행복해하며 시계를 차고 다녔다.

그러던 어느 날 아이는 놀이방 친구의 디즈니 시계를 보게 되었다. 아이는 그 친구를 온종일 따라다니며 설득해서 자신의 손목에 찰 기회를 얻었다. 그런데 친구에게 돌려주지 않고 그대로 집까지 차고 오고 말았다.

나는 아이의 팔목에 채워진 시계를 보고 놀라서 물었다.

"이 시계는 엄마가 사준 게 아닌데 친구 거니?"

아이는 약간 머뭇거리더니 무슨 궁리를 하는 듯 코를 벌름거리다가 대답했다.

"내 거야. 친구가 집에 또 있다고 나한테 줬어."

이미 모든 정황이 거짓이라고 짐작한 나는 아이에게 다시 물었다.

"너 지금 한 말이 거짓말이면 깜깜할 때 망태 할아버지가 잡아갈 거야. 무섭지 않아?"

그러자 아이는 "그런 망태 할아버지는 없어"라고 대꾸했다. 나는 순간 당황했다. 이럴 때 엄마들은 간식을 안 주거나 할머니 댁에 못 가게 해서 자백을 받아낸다. 나 역시 여러 방법을 동원해 보았지만 결국 자백을 받아내지 못했다.

아빠의 짧은 몇 마디의 힘

엄마의 긴 잔소리보다 아빠의 짧은 몇 마디가 더 강한 힘을 갖는다.

마침 남편이 퇴근해서 상황을 알려주고 도움을 청했다. 남편은 그만한 일로 힘 빼지 말라면서 단번에 자백을 받아내겠다고 자신만만해했다. 나는 얼른 아이를 때리거나 소리를 지르면 안 된다고 주의를 주었다. 그리고 주방으로 가서 몰래 그 광경을 지켜보았다.

남편은 평소 말수가 적고 목소리도 크지 않은 편이었는데, 그날따라 더욱 목소리를 가다듬어 "김 영 식, 오세요"라고 아들을 호출했다. '영식이 이리 와'도 아니고 '김 영 식, 오세요'라니! 나는 눈을 더 크게 뜨고 지켜보았다.

거실에서 놀고 있던 두 아이 가운데 호명되지 않은 큰아이는 놀란 표정으로 거실 벽에 바싹 붙어 서 있고, 호출된 작은아이는 올 것이 왔다는 표정을 짓더니 아빠 앞으로 다가갔다.

"영식이 앉아보세요. 좋은 시계를 찼네요. 그건 영식이 건가요?"

그랬더니 아이가 "아니요. 친구 건데 그냥 차고 왔어요"라고 선선히 대답하는 게 아닌가.

나는 그때 작은아이의 표정과 분위기를 보면서 많은 것을 느꼈다.

'엄마와 주고받은 이야기는 단순한 놀이로 생각하고 아빠와는 옳고 그

름을 가리는 진지한 시간으로 받아들이는 걸까?'

그때부터 나는 아들은 아빠가 다스려야 더 효과적이라고 믿게 되었다. 아이들 역시 나와는 이럴 수도 있고 저럴 수도 있지 않느냐고 따져서 결론을 못 내리게 했다가도 아빠와 몇 마디 나누면 명쾌한 결론을 내렸다. "남자끼리 약속"이라고 마무리를 지어도 두 아이 모두 뒷말이 없었다. 그래서 나는 아이에게는 엄마의 긴 잔소리보다 아빠의 짧은 몇 마디가 더 강한 힘을 갖는다는 결론을 내렸다.

교육학자들이 가정의 최종 훈육자로 아빠를 권하는 이유가 여기에 있지 않을까? 실제로 아빠가 훈육을 담당하는 집의 아이들은 야단을 덜 맞게 되어 표정이 밝은 편이다. 엄마가 끊임없이 잔소리를 하고 야단을 치는 집의 아이들은 표정은 밝지 못하다. 게다가 엄마의 잔소리를 듣고 싶지 않은 아이는 불손한 태도를 보이기도 한다. 이렇게 되면 엄마는 지치기만 하고 특별한 교육 효과를 기대하기도 어려워진다. 그러므로 효율적인 훈육을 위해서는 아빠의 적극적인 개입이 필요하다. 이것은 곧 엄마의 육아 부담을 덜어내는 길이기도 하다.

남편을 최종 훈육자로 만들기 위해서는 평소에 아빠의 위상을 만들어 주어야 한다. 남편에게 하는 이런 말을 아이가 듣지 않게 해야 한다는 말이다.

"담배는 나가서 피우라고 했잖아요."

"그렇게 소파에 누워만 있지 말고 운동 좀 해요."

설령 남편의 실생활이 그렇더라도 아이들에게 비치는 아버지상을 위해 조심하도록 하자.

남편을 최종 훈육자로 만들려면 평소에 아빠의 위상을 만들어주어야 한다.

아이의 버릇은
말로 고쳐라

상담을 청해오는 엄마들 대부분이 아이를 어떻게 가르쳐야 할지 모르겠다고 하소연한다. 아이를 때려서라도 버릇을 고치겠다고 매를 들었는데, 어느 순간부터 과연 옳은 방법일까 하는 의문이 든다는 것이다.

결론부터 말하자면, 그 방법은 옳지 않다. 때리지 말고 끊임없이 말로 가르치면서 대화로 풀어나가야 한다.

아이에게 노예 기질을 키워주는 부모들

> 부모들이 소리 지르는 것도 때리는 것과 같다.

일반적으로 맞고 자란 아이들은 눈치를 많이 살피는데, 자존 감이 없기 때문이다. 그 아이들은 지나치게 수동적이 되어 노예 기질을 갖게 되거나 공격적인 행동으로 자신의 의사를 표현하는 경향이 있다. 공격성을 보이는 아이들의 거친 행동 속에는 매를 무서워하지 않는 의식이 숨어 있다. 매를 맞음으로써 잘못한 행동에 대한 대가를 지불한다고 생각하기 때문이다.

반대로, 부모가 매를 들면 무조건 잘못했다고 빌면서 매를 피하려는 아이도 있다. 이런 아이들에게 무엇을 잘못했는지, 왜 그렇게 생각하느냐고 물으면 정작 대답하지 못한다. 철학자 로크는 이렇게 생각 없이 아이를 키우면 '노예 기질'을 갖게 된다고 지적했다.

어떤 부모들은 소리 지르는 것은 괜찮다고 생각하는데 크나큰 오해다. 소리 지르는 것도 때리는 것과 마찬가지다. 아이에게는 소리 지르지 않고 똑같은 톤으로 말해야 하고, 화가 많이 났을 때는 잠시 자리를 떠나 평정심을 찾고 다시 아이를 대하는 것이 좋다. 힘들지만 연습하면 가능해진다.

혹자는 자녀를 '살아 있는 화초'라고 하였다. 자녀를 사람답게 키우기란 참으로 힘든 일이지만 의미 있는 일이다. 부모는 꽃과 나무를 가꾸는 정원사와 같다. 정원사가 꽃과 나무에게 물과 거름을 주고 햇빛도 받게 해서 꽃을 피우고 열매를 맺는 것처럼 부모도 아이에게 사랑을 주고 보호하고 가르쳐서 사회의 일원으로 제 역할을 할 수 있도록 키워내야 한다.

'차가운 시선'으로 가르치기

"조용히 말로 타일렀는데 자꾸 아이가 열 받게 해서 다시 소리를 질렀어요"라며 자신이 인내심이 없다고 자책하는 엄마도 있다. 이럴 때는 비슷한 상황에서 조금 다른 방법을 쓰면서 서서히 자기만의 방법을 찾아가도록 하자.

이때 중요하게 다룰 일은 아이의 행동이 왜 잘못되었는지를 묻고, 아이의 눈높이에 맞게 이유를 말해주는 것이다. 다시 말하지만 3,000번 정도를 하겠다는 각오도 잊지 말아야 한다. 백지설(白紙說)을 주장한 로크는 엄마의 '차가운 시선'을 이용해서 아이의 바른 행동을 유도하라고 하였다. 아이들은 엄마의 '차가운 시선'을 두려워한다. 그래서 '차가운 시선'을 이용해 아이가 수치심을 느끼도록 하는 게 가장 바람직하다.

다시 말하지만 때리는 것은 훈육이 아니라 체벌이다. 이제는 「아동복

지법」제2조 4항에 의해 설사 부모라고 하더라
도 아이를 때린 사람은 아동학대를 한 것으로
분류되어 처벌을 받는다. 옛 속담에 '귀한 자식
매 한 대 더 때린다'라고 하여 매를 아끼면 오히려 자식을 망
친다고 했던 시절도 있었다. 그러나 지금은 다르다. 법에서는 아동학대
란 '보호자를 포함한 성인에 의하여 아동의 건강, 복지를 해치거나 정상
적 발달을 저해할 수 있는 신체적, 정신적, 성적 폭력 또는 가혹행위 및
아동의 보호자에 의하여 이루어지는 유기와 방임을 말한다'라고 규정하
고 있다.

엄마의 '차가운 시선'으로 아이의 올바른 행동을 유도해야 한다.

무지한 부모들의 아동학대

보건복지부의 발표에 따르면 아동학대로 의심되어 접수된 7,000여 건
의 신고건수 가운데 가해자가 친부모인 경우가 80퍼센트를 차지한다. 신
고되지 않은 것까지 포함한다면 얼마나 많은 아이가 아동학대에 시달리
고 있을지 짐작할 수 있다.

특히 한 부모 가정에서의 아동학대 비율이 매우 높다. 보건복지부에
따르면 학대를 당한 아동 2만 9,000여 명 가운데 한 부모 가정 아동이 47

퍼센트를 차지한다. 혼자서 자녀양육과 경제적인 부분까지 책임지면서 그 스트레스를 아이에게 퍼붓고 있는 셈이다.

언젠가 대학원에 다니고 있다는 한 엄마가 상담을 청해왔다. 시험이 있어서 딸아이를 하루 동안 아빠와 놀게 했는데, 저녁 늦게 도서관에서 돌아와 보니 기막힌 일이 벌어졌다는 것이다. 딸아이가 너무 돌아다니고 자신을 힘들게 한다면서 발목을 끈으로 묶어 무거운 식탁 다리에 연결시켜 놓았다는 것이다. 남편은 소파에서 TV를 보다 잠든 상태였고, 식탁 아래 싸늘한 바닥에서 자고 있는 딸을 안고 한참을 울었다며 눈물을 흘렸다.

이것은 명백한 신체학대이고 정서학대이고 방임이다. 원래 무지가 용맹을 낳는 법이다. 법이 뭔지, 학대가 뭔지 모르기 때문에 그 아빠는 엄청난 학대를 아무 거리낌 없이 했다고 봐야 한다. 하지만 몰랐다고 죄가 아닌 것은 아니다. 이제는 아동학대를 법으로 규제하고 신고를 의무화(신고전화는 국번 없이 112)하고 있다. 아무리 내 아이라도 때려서 가르치겠다는 생각은 버려야 한다.

형제자매의 싸움에서 엄마의 판단은 독이다

어느 가정이든 자녀를 키우다 보면 아이들끼리의 싸움이 고민의 단골 메뉴로 등장한다. 영역 싸움, 사랑 싸움, 질투와 시기심 등으로 서로 미묘하게 감정이 얽혀 머리 아픈 일이 생긴다. 그때마다 부모가 나서서 명쾌히 해결할 수 있다면 좋겠지만 그러지 못하는 게 현실이다. 어느 때는 스스로 부모로서 자질이 부족한 게 아닐까 하는 의구심이 들기도 한다.

공정한 판결로 아이들 모두를 만족시키고 싶지만 그 반대 결과가 나올 때가 훨씬 더 많다. 모두가 행복하게 만들 수는 없다. 따라서 상황을 더 악화시키지 않는 방법을 생각하는 것이 바람직하다.

두 아이의 외로움을 최소화하기

아이들 싸움의 중심에는 늘 사랑이 있다. 누가 더 엄마의 사랑을 받느냐가 문제의 핵심일 때가 많다.

예컨대, 잘 놀고 있던 형제가 싸움이 났다고 하자. 방에 들어가 보니 작은아이는 형한테 맞아서 울고 있고, 큰아이는 가만히 있는데 동생이 괜히 시비를 먼저 걸었다고 당당하게 나온다. 엄마를 본 작은아이는 더 슬프게 울어대고 큰아이는 한 대 더 때리고 싶은 표정이다. 어느 집에서나 흔히 볼 수 있는 장면이다.

이런 경우 대부분의 부모는 큰아이를 야단친다.

"동생을 잘 데리고 놀아야지. 먼저 시비를 건다고 때리면 되니? 넌 형이잖아."

큰아이가 억울한 표정을 짓기는 하지만 형제 싸움의 끝은 거의 이런 식이다. 이런 해결법은 큰아이의 마음을 잘 헤아려주지 못한다. 그래서 큰아이는 엄마의 사랑이 늘 부족하다고 느낀다. 동생이 부모의 사랑을 독

차지한다고 느끼거나 동생이 없으면 부모의 사
랑을 나눌 필요가 없을 텐데 하는 아쉬움을 가
지면 큰아이의 외로움은 커질 수밖에 없다.

큰아이 편을 들든
작은아이 편을 들든 두 아이
모두 행복할 수는 없다.

흔한 경우는 아니지만 동생을 야단치는 부모도 있다.

"동생이 형한테 그러면 안 되지. 빨리 형한테 사과하고 다시는 안 그러
겠다고 해."

형제간의 위계는 확실해야 한다고 생각하는 부모의 해결방식이다. 이
런 경우 작은아이는 '우리 엄마 아빠는 형만 좋아해'라고 생각해서 외로
움을 타게 된다.

결국 큰아이 편을 들든 작은아이 편을 들든 둘 다 행복할 수는 없다는
말이다. 그러나 두 아이가 느낄 슬픔과 외로움을 최소화시킬 방법은 있다.

충분히 들어주고 판단하지 않기

이럴 때 활용할 수 있는 방법을 소개하고자 한다.

첫째, 일단 싸움은 즉시 멈추게 한다. 한 아이를 다른 방으로 이동시킬
수 있다면 더 좋다. 그래서 둘 다 조용하고 침착해질 수 있는 시간을 준
다. 이때 부모의 목소리 톤은 높지 않고 단호해야 한다.

둘째, 왜 싸우게 되었는지를 한 사람씩 설명하도록 하되 말하는 도중에 끼어들지 못하게 주의를 주어야 한다. 한쪽에서 자기 상황을 설명하다 보면 다른 쪽에서 "그게 아니야"라며 변명이나 이유를 설명하고 싶어지기 때문이다. 아이의 이야기를 충분히 들어주고, 들으면서 상대 아이를 야단치거나 "정말 그랬니?"라고 확인하지 않도록 조심한다. 오로지 잘 듣고 있다는 반응만 가끔씩 보여주면 된다.

예컨대, "네 책을 동생이 찢었다고? 말도 안 돼", "이럴 수가……" 등으로 공감해 주면 큰아이는 엄마가 자기편이라고 생각하고 맘 편히 얘기를 쏟아놓을 것이다. 그다음으로 작은아이의 이야기를 들어준다. 작은아이 역시 할 말이 많을 것이다. 큰아이 때와 같은 방법으로 진지한 표정과 태도로 이야기를 들어주고 인식 반응을 보여준다. 가령, "형이 먹던 과자를 모두 가져갔다고?", "그러면 안 되지. 속상했겠네" 등의 말로 공감해주는 것이다. 그러면 분위기가 바로 역전되어 작은아이의 얼굴이 활짝 펴진다. 그 분위기 속에서 작은아이는 형이 엄마한테 꾸중을 듣는다고 생각한다.

"엄마가 판단하기 힘들구나"

보통 엄마들은 여기서부터 판단해서 야단을 치기 시작한다. 그런데 잘

못 판단하는 경우가 종종 있다. 그러면 어느 한 쪽에 상처를 준다. 그러면 안 된다. 두 아이가 사건의 앞뒤 상황을 다 들려주고 엄마의 판단을 기다리는 순간에 엄마는 판단하지 말아야 한다. 대신에 부모는 쇼 타임으로 들어가야 한다. 두 아이에게 난처한 표정을 지으면서 "엄마가 판단하기 정말 힘들구나. 너희 둘이 방에 들어가 해결하고 나오렴"이라고 말하는 것이다. 방으로 들어간 아이들은 우리가 예상하는 것보다 훨씬 빨리 밖으로 나온다.

"엄마, 내가 미안하다고 했어."

작은아이가 이렇게 말한다면 작은아이를 칭찬하고, 큰아이가 그랬다면 큰아이를 칭찬하면 된다. 이런 식의 싸움과 화해가 반복되면 싸움도 하지만 화해도 잘하는 아이로 성장한다. 그러기 위한 전제조건은 단 하나, 엄마가 판단하지 않는 것이다.

아이들은 부모에게 왜 싸움이 일어났는가를 설명하는 과정에서 "어머나, 그럴 수가!", "속상했겠네"와 같은 반응을 통해 많은 위로를 받는다. 동시에 상대방의 입장을 충분히 들으면서 미안한 마음을 갖게 되어 더 쉽게 화해할 수 있다.

오히려 엄마가 공정하게 판단한다면서 결론을 내려줄 때 아이가 상처 받는 경우가 많다. "엄마는 늘 형 편만 들잖아요", "엄마는 왜 맨날 나만

> 편애받는 아이들은 스스로 감정 조절을 잘 못하고 감정 기복이 심하다.

잘못했다고 그래요?"라는 말을 듣게 되는 것이다. 편애받는 아이들은 스스로 감정 조절을 잘 못하고 감정 기복이 심하다. 그래서 자기도 모르게 남을 불편하게 하는 사람으로 성장한다.

많이 싸우고 자란 아이들이 친사회적이다

형제자매간 싸움은 피하려고 하기보다 어떻게 해결해 가느냐가 중요하다. 형제자매가 둘 이상이 되면 갈등과 싸움은 지극히 자연스러운 과정이다. 어릴 적 형제자매간의 싸움은 사회성과도 깊은 연관이 있다. 잘 싸우고 부딪친 경험이 있는 아이가 그렇지 않은 아이보다 친사회적이라는 연구 결과도 있다. 싸우면서 상대방의 힘에 따라 위협도 하고, 경우에 따라서는 협상도 하면서 살아남는 힘을 배우기 때문이다. 싸움은 아이들의 성장과정에서 꼭 필요한 경험이다.

부모는 자녀의 모든 문제 상황에서 울타리 역할을 할 뿐이다. 직접적인 문제해결은 자녀의 몫이다. 부모의 역할은 아이들끼리 문제를 해결하도록 하는 노하우를 익혀 부모의 사랑을 골고루 받았다고 느끼도록 하는 것이다.

내 아이의
행복할 권리

초판 1쇄 인쇄 2017년 2월 16일
초판 1쇄 발행 2017년 2월 22일

지은이   허영림
펴낸이   김옥희
펴낸곳   아주좋은날
기획편집 이미숙
교정교열 용진영
디자이너 안은정
마케팅   양창우, 김혜경

출판등록   2004년 8월 5일 제16-3393호
주소   서울시 강남구 테헤란로 201, 501호
전화   (02) 557-2031
팩스   (02) 557-2032
홈페이지   www.appletreetales.com
블로그   http://blog.naver.com/appletales
페이스북   https://www.facebook.com/appletales
트위터   https://twitter.com/appletales1

ISBN 979-11-87743-04-0 03590

ⓒ 허영림, 2017

이 도서의 국립중앙도서관 출판예정도서목록(CIP)은 서지정보유통지원시스템 홈페이지(http://seoji.nl.go.kr)와
국가자료공동목록시스템(http://www.nl.go.kr/kolisnet)에서 이용하실 수 있습니다. (CIP제어번호 : CIP2017003580)

아주좋은날~은 애플트리태일즈의 경제 · 실용 · 아동 전문 브랜드입니다.